iPhone芸人 かじがや卓哉の

iPhone スゴい

⑮

かじがや卓哉 著

超絶便利なテクニック 140

15/Plus/Pro/Pro Max対応

インプレス

はじめに

『スゴいiPhone』シリーズを楽しみにしていただいている皆さん、いつも支えていただきありがとうございます。

今回登場したiPhone 15シリーズは、歴代iPhoneの中でも重要なターニングポイントとなる機種になります。Dock、Lightningと続いていたアップル独自規格の接続端子が、初めての汎用規格となるUSB-Cになり、ProシリーズにはiPhone史上初となる「アクションボタン」が搭載されるなど、iPhoneの歴史が変わる瞬間が感じられるモデルとなりました。

そして、機能の充実、性能の向上と共に毎年のように重くなっていくiPhoneの重量が、15 Proシリーズで逆に軽くなり、わずかに小さくなりました。これは、チタニウム素材を使ったフレームの採用によるものです。チタニウム素材は丈夫で軽く、その意味でスマートフォンのフレームには最適な素材ですが、加工が難しく、高価なものです。簡単に採用できるものではありません。おそらく採用するに当たっては、多大な努力が必要だったはずです。チタニウムの採用には、年々重くなってしまうiPhoneの進化の方向を、ここで変えなければならないという、アップルの誇りと勢いを感じるんです。

そのアップルの勢いを示すかのように、2024年には注目の新製品の発売が予定されています。まったく新しいジャンルとなる「空間コンピュータ」を実現する「Apple Vision Pro」

です。そして、それに合わせた機能が、iPhone 15 Proシリーズにも用意されています。iPhoneにはこの先間違いなく、このApple Vision Proとの親和性が高い新機能が搭載されていくことになるでしょう。

このようにiPhoneは新しい時代に突入しました。その入り口に立っている皆さんも、まずは本書を参考にひとつでも多くのテクニックを覚えてiPhoneを使いこなし、一緒に時代の変化を楽しみましょう！

もくじ

CHAPTER 1

iPhone 15 & iOS 17対応!
最新テクニック大集合!

CHAPTER 2

失敗なしで移行完了!
機種変データ移行テクニック

CHAPTER 3

マスターすれば初心者卒業!
iPhone基本のテクニック

CHAPTER 4

定番ワザは押さえておこう!
iPhone芸人イチオシテクニック

CHAPTER 5

大切な情報をしっかり守る！
iPhone防御・防衛テクニック

CHAPTER 6

使いこなせばスピードアップ!
iPhone高速テクニック

CHAPTER 7

手間をかけずに簡単操作!
iPhoneでラクチンテクニック

KAJIGAYA's COLUMN

しっかり進化している iPhone 15シリーズ登場!

iPhone 15 Pro

iPhone 15 Pro Max

iPhone 15および同Proシリーズが登場しました。従来と同じくそれぞれにディスプレイが6.1インチの15 Proと15、6.7インチの15 Pro Maxと15 Plusが用意されています。Proシリーズのボディには、宇宙産業でも利用されている軽くて丈夫なチタニウム素材が採用され、サイズが小さくなり、重量は大幅に軽くなっています。高性能ながら、従来よりも小型化できたのは驚きです。

大きな変更点として、アップル独自のLightningから汎用的なUSB-Cにポートが変更されました（P.70参照）。Proシリーズは、高速なデータ転送が可能なUSB 3対応です。一般的なケーブルが使えるので便利になりました。

気になるカメラは全機種で4800万画素を採用。レンズはProシリーズが３眼、15は２眼。Pro Maxは光学５倍ズームが可能になりました。

順当な進化に見えるiPhoneですが、大きな一歩が秘められています。実は15Proシリーズのカメラは将来、「空間ビデオ」にも対応します（P.190参照）。常に新しい未来に向けて、iPhoneは進み続けているんです！

iPhone 15が
スゴくなったところはここ！

全機種に4800万画素のカメラが搭載され、ポートがUSB-Cに変更されたiPhone 15シリーズ。Proシリーズはチタニウム素材になり、デザインにも変更がありました。

新しい
カラーバリエーションも
登場！

グラフィックに強い高速なチップに進化

Proシリーズには、グラフィックが特に強化された「A17 Proチップ」が搭載されました。

カメラがさらにアップデート

15シリーズ全機種のメインカメラが4800万画素になりました。15 Pro Maxでは光学5倍ズームを実現しています。

カスタマイズ可能なアクションボタン

Proシリーズには、カスタマイズして機能を割り当てられる「アクションボタン」が新たに搭載されました。

チタニウム素材の採用

Proシリーズはフレームがチタニウムに変更され、ボディのエッジが丸みのあるデザインに。

iPhone 15 Pro

ひと回り小さく軽くなったボディ

15 Proのサイズは146.6×70.6mmで、高さと幅が0.9mm小さくなり、重さは187gと約10%軽くなりました。

USB-Cポートを採用

汎用性の高いUSB-Cポートに変更されました。ProシリーズはUSB 3対応で高速なデータ転送が可能です。

iPhone 15 Proシリーズの注目ポイント!

性能が向上したiPhone 15シリーズですが、特にProシリーズには大きな進化がありました。特徴的な3つのポイントを紹介します。

持ち歩く楽しみが増えそう!

POINT 1

チタニウム素材の新デザイン

フレームは宇宙産業にも使用されているチタニウム素材になりました。従来のメタリックなものからマットな落ち着いた雰囲気になっています。少し小さくなってエッジが丸くなり、体感できるレベルで軽くなっているので、持ちやすくなった印象です。

マットな処理で丸みを帯びたエッジ

POINT 2

アクションボタンが追加

従来の「着信/サイレントスイッチ」の代わりに、8つの機能でカスタマイズできるアクションボタンが用意されました（P.22参照）。長押しすると動作するこのボタン、ショートカットも割り当てられるので、便利な使い方が生まれそうです!

カスタマイズできるアクションボタンが登場

POINT 3 光学5倍ズームの威力を確認!

15 Pro Maxは光学5倍ズームのレンズを搭載し、固定ズームが、0.5x／1x／2x／5xとなりました。強力な手ブレ補正と組み合わせて、iPhoneでの写真やビデオ撮影がもっと楽しくなりそうです。

デジタル 25x

光学0.5x　光学1x　光学2x　光学5x

ただの風景写真に見えますが、実は遠くにボクが写っているんです!

iPhone 15シリーズが登場し、iOS 17にアップデートされました。iPhoneが名刺になる「連絡先ポスター」を作成すれば、「NameDrop」で簡単に名刺交換ができます！初登場の「アクションボタン」も使いこなしましょう！

Chapter

iPhone 15 & iOS 17対応！
最新テクニック大集合！

001

新しいiPhoneの顔になる
「連絡先ポスター」を作ろう!

　新しいiPhoneを入手したり、iOS 17にアップデートしたら、まずやってほしい作業が「連絡先ポスター」の作成です。これは自分で作り込んだプロフィールカードのようなもので、例えば、連絡先を交換した相手に電話や

メッセージをした際、相手側のiPhoneに表示されます。
　連絡先ポスターにはビジュアルとして、写真を登録して加工したり、背景を加工したり、ミー文字を登録することもできます。個人的に面白いと思っ

1 「連絡先」アプリの一番上にある「マイカード」をタップして、自分の連絡先情報を開き、「連絡先の写真とポスター」をタップします。写真には設定済みのものが配置されています

2 「名前と写真をアップデート」の画面で「続ける」をタップすると、カスタマイズ画面が開きます。「写真」「ミー文字」「カラー」などから選択できます。ここでは「写真」をタップします

たのは、日本語を名前に設定している場合に縦書きを選択できるところです。なお、連絡を取る相手はポスターを以前の状態に戻したり、カスマイズすることもできるので、相手に押し付けることなく使用できます。

ミー文字のポスターは決定的瞬間を狙え！

MEMO

表情に合わせて変化するミー文字をポスターに使う場合、2つの方法があります。ひとつは用意されたポーズや表情から選ぶ方法。もうひとつはカメラアイコンをタップして独自の表情を撮影する方法です。独自の角度でシャッターを押しましょう。

自分だけの iPhone の顔だ！

3 ポスターに配置したい写真を選んでタップします。すると、名前が入った状態で写真が配置されます。名前の色などは、写真に合わせて自動で選んでくれます

4 2本指でドラッグすると写真を移動、ピンチアウト／ピンチインで拡大／縮小ができます。名前の位置などに合わせてサイズを調整しましょう。左右のスワイプでフィルタを選べます

新しいiPhoneの顔になる「連絡先ポスター」を作ろう！

MEMO

日本語の名前は縦書きにも対応

カスタマイズ画面で名前をタップすると、フォントを調整できますが、ひらがな／カタカナ／漢字の名前の場合は、縦書きを選択できます。電話をかけると、相手のiPhoneに自分の名前が縦書きで表示されます。

連絡先を交換すると楽しいよ！

5 名前をタップすると、色や太さが調整できます。右下のカラーのアイコンは、背景のカスタマイズ。フィルターの種類によって調整内容が変わります。最後に「完了」をタップします

6 ポスターのプレビューが表示されます。これは電話をかけたときに、相手のiPhoneにどんな風に表示されるかを示しています。問題なければ「続ける」をタップします

MEMO

**SNSのプロフィール感覚で
ポスターを変更**

作成したポスターは複数保存することができます。「連絡先の写真とポスター」をタップしてサムネール上の「編集」をタップすると、ポスターの作成やカスタマイズ、ポスターの切り替えが行えます。

7 続いて、アイコンなどに表示される「写真」も選択します。配置を調整してフィルタを選択したら、「続ける」をタップします。すでに設定済みの場合などは、スキップできます

8 さまざまなパターンでのプレビューが表示され、仕上がりを確認できます。問題なければ「完了」をタップ。これで連絡先ポスターが仕上がりました

これからの連絡先交換は「NameDrop」でスマートに!

iPhone同士を近づけるだけで、カッコいいエフェクトと共に連絡先を交換できる「NameDrop」は、iOS 17の目玉機能。自分の名前と、電話番号かメールアドレスを相手の「連絡先」アプリに直接保存できます。交換時に連絡先を表示しますが、ロック解除が必要なので、勝手に見ることはできません。片方だけが受け取ることも可能です。

この機能はAirDropでも利用できます。直接渡せるので、iPhoneユーザーがたくさんいる場でも迷いません。

新しい連絡先交換のスタイル!

1 所有者のプロフィールであるマイカードを入力済みのiPhone同士の上部を近づけます。iPhoneが振動を始め、ダイナミックアイランド周辺から光と波紋のようなエフェクトが出ます

2 それぞれ自分のマイカード(ポスター)が表示されます。なお、反応しない場合は、「設定」アプリの「一般」➡「AirDrop」で「デバイス同士を近づける」をオンにします

MEMO

同じアクションで AirDropやSharePlayも!

連絡先を交換後、「写真」アプリ、または「ファイル」アプリでファイルを選んだ状態で同様にiPhoneを近づけると、AirDropでファイル転送できます。接続していない相手には、いつもどおりAirDropの画面まで進めて近づければOK。また「音楽」アプリで曲を選んだ状態だと一緒に音楽などが視聴できるSharePlayも手軽に楽しめます。

3 電話番号またはメールアドレスをタップすると、共有する情報を選べます。「共有」をタップすると、名前と連絡先を共有できます。受け取るだけの場合は「受信のみ」をタップします

4 お互いが共有すると、マイカードが相手の画面に移動します。「完了」をタップすると連絡先に登録され、接続済みとなります。接続済みの連絡先のアップデートはできません

アプリ起動もボタンひとつ！「アクションボタン」を押せ！

iPhone 15 Proシリーズでは従来の「着信/消音スイッチ」が廃止になり、新たに「アクションボタン」が搭載されました。標準では長押しで、従来どおり「消音モード」のオン／オフですが、ほかに「集中モード」「カメラ」「拡大鏡」など、8種類の機能から選べます。iPhoneに採用された新しいインターフェースの使い方を紹介しましょう。

アクションボタンは「カメラ」アプリのシャッターも兼ねるので、例えば、ボタンでカメラを起動してそのま

「設定」アプリの「アクションボタン」で設定します。この機能だけ特別なインターフェースが用意されており、左右にスワイプして8種類の機能、もしくは「アクションなし」を選びます

アクションボタンに割り当てられる機能

 消音モード：通知などの音を消音するか鳴らすかを切り替えます

 集中モード：あらかじめ指定した内容で「集中モード」のオン／オフを行います

 カメラ：「カメラ」アプリの5つの撮影モードから指定して起動します

 フラッシュライト：背面の「フラッシュライト」のオン／オフを行います

 ボイスメモ：「ボイスメモ」を起動してすぐに記録開始／停止します

 拡大鏡：ルーペとして使える「拡大鏡」アプリを起動します

 ショートカット：割り当てたショートカットが実行されます

 アクセシビリティ：21種類の「アクセシビリティ」からひとつを指定して起動します

「アクションボタン」に割り当てることが可能な8つの機能。実際に使ってみると、ボタンになっているメリットも体感できるので、まずは試してみることをオススメします

まシャッターを押すといった流れるような操作も可能です。また、「ショートカット」を使えば、利用方法はかなり広がります。よく使うアプリの起動から、複雑な自動処理まで、ボタンひとつで実行できます（P.168参照）。

MEMO

「消音モード」は
コントロールセンターで操作可能

標準で割り当てられている「消音モード」のオン／オフですが、「コントロールセンター」でも操作できます。アクションボタンをほかの機能に割り当てた場合は、こちらから操作すればいいでしょう。

説明文の下にメニューがある項目は、タップすると選択肢が表示されます。「カメラ」の場合は、いきなり「セルフィー」や「ポートレート」で起動できるので、普段の使い方に合わせて設定できます

「ショートカット」アプリでは、アプリの起動から、オートメーションを組み合わせたさまざまな作業まで、ボタンひとつで実行できます。作成したショートカットを直接割り当てましょう

「スタンバイ」を使って iPhoneを時計や写真立てに

Apple Watchには、充電中に横向きに置くとデジタル時計が表示される「ナイトスタンドモード」という機能がありますが、それに似た仕組みがiPhoneにも搭載されました。それが「スタンバイ」です。充電している状態で本体を横向きに立てた状態にすると起動します。

iPhoneの画面に時計がデカデカと表示されるので、置き時計としても実用的だし、時計の代わりに写真やウィジェットを表示することもできます。

「スタンバイ」は充電器に接続され、本体が横向きに立てた状態だと作動します。MagSafeスタンドなどを使ってiPhoneを設置すれば、インテリアのようなたたずまいになり、離れたところからでも情報を確認できます

iPhoneの
新しい使い方が
登場だ！

スタンバイ画面には、左からウィジェット➡写真➡時計の順で、左右にスワイプすることで切り替わります。それぞれ上下にスワイプすると、デザインや機能、表示内容を変更できます

また、iPhone 12以降とMagSafe充電スタンドの組み合わせなら、充電する場所ごとに画面の表示が記憶され、例えば、デスクの充電器だと写真、ベッドの横なら時計といった使い方も可能です。iPhone 14 Pro/15 Proの常時表示ディスプレイなら、特にスタンバイを実用的に使えます。

なお、暗い場所で固定された状態だと時計などが赤色で表示され、睡眠を妨げないようになっているんです。気が利いてますよね！

ウィジェット画面には、正方形のウィジェットを左右に2つ表示できます。上下にスワイプすれば片方ずつ切り替えられます。ウィジェットを長押しして左上の［+］をタップすると、ほかのウィジェットを追加することも可能です

自分で選んだ写真をスタンバイに表示させるには、表示したい写真を集めた「アルバム」をあらかじめ作成しておきます。次に、スタンバイの写真画面を長押しして左上の［+］をタップ。表示したいアルバムを選んで「完了」をタップします

005

何気なく撮影した写真を
撮影後にポートレートに変更

iPhone 15シリーズでは、「カメラ」アプリの「写真」モードで撮影した通常の写真を、あとから「ポートレート」に変更する方法が用意されています。これまでは、たくさん撮った写真をあとから見返して、「この写真はポートレートにしたかった」と思ってもどうにもなりませんでしたが、iPhone 15シリーズではそれができるんです。

被写体が、人、犬、猫と検知されると、画面左下（横向きだと右下か左上）に「f」マークが表示され、この状

1 「カメラ」アプリで、通常の「写真」モードで撮影します。撮影する際、画面上に「f」マークが表示されると、被写体が人や動物であると認識したことを示しています。人や動物以外の被写体の場合はタップすると出ます

2 撮影した写真を「写真」アプリで開きます。その際、左上に「fポートレート」と表示されていると、ポートレートのオン／オフができます。「編集」ボタンをタップして編集画面に切り替えます

態で撮影すると、あとからポートレートに変更できます。「ポートレート」モードでの撮影と同様に、フォーカス位置の変更やボケ具合の調整、照明効果の変更も可能。気軽にポートレート写真が楽しめるようになりました。

MEMO

ポートレードモードと通常モードの切り替えも簡単

「f」マークが出た状態で撮影した写真には左上に「fポートレート」と表示されますが、タップすると、「ポートレート」と「ポートレートオフ」を切り替えることができます。切り替え時にも、設定したポートレートの被写界深度などは引き継がれます。

この写真もポートレートにしてみよう!

3 ピントを合わせる場所をタップしてフォーカスを合わせ、「被写界深度」のスライダーでボケ具合を調整します。「ポートレート」アイコンをタップして照明効果も変更できます。右上のチェックマークをタップして保存します

4 これで、背景がきれいにボケたポートレートモードで撮影した写真と同じ仕上がりになりました。なお、例えば背景にフォーカスを合わせて手前の被写体をぼかすことも可能です

006

4K/60fpsのProRes動画を外部ストレージに直接保存する

iPhoneに外部ストレージを接続すれば、データのやり取りが可能になります（P.160参照）。iPhone 15シリーズで新たに採用されたUSB-Cポートでは、ケーブルで外部ストレージをそのまま接続できるようになり、より利便性が高まっています。

iPhone 15 Proシリーズの「カメラ」アプリでは、外部ストレージを接続することで、プロ向けのフォーマットApple ProResで4K/60fpsでの撮影が可能です。その際、撮影データは

1 前準備として、ProRes撮影を有効にします。「設定」アプリの「カメラ」➡「フォーマット」にある「ビデオ撮影」の項目の「Apple ProRes」をオンにします

2 「カメラ」アプリの「ビデオ」で、右上をタップして「4K・60」にセットします。外部ストレージなしで左上の斜線が入った「ProRes」をタップすると、非対応のアラートが表示されます

iPhone内ではなく、外部ストレージに直接保存されます。

　ProRes以外のフォーマットでも外部ストレージに直接保存できるアプリも登場しており、撮影後にパソコンで編集する作業もスムーズになりますね。

MEMO

外部ストレージに映像を記録する条件

映像を記録する外部ストレージは、APFSまたはexFATでフォーマットしておく必要があります（P.160参照）。また、書き込み速度が220MB以上の外付けストレージを、速度が10Gbit/秒以上のUSB 3ケーブルで接続する必要があります。

サイズが大きいので外付けに記録するのが便利！

3 USB-C接続のSSDなどの外部ストレージをiPhoneにつないで「ProRes」ボタンをタップすると、画面下部に「USB-C」と表示され、撮影可能な状態になります

4 撮影した動画は、「ファイル」アプリ上で扱えます。「ブラウズ」をタップして、外部ストレージ内の「DCIM」➡「100APPLE」を開くと動画ファイルを確認できます

007

「シネマティックモード」で
ズームイン／ズームアウト!

iPhone 13シリーズ以降に対応している「シネマティックモード」ですが、これまでは撮影を始めると倍率が固定され、撮影中に倍率を変えてズームしたりすることができませんでした。今回、iPhone 15シリーズでは、シネマテ ィックモードの撮影中にズームイン／ズームアウトができるようになりました。従来はiPhoneごと近寄ったりする必要がありましたが、寄りと引きが手元でできるようになり、シネマティックモードの表現の幅が広がりました!

映画のような映像がより本格的に!

1 「カメラ」アプリの「シネマティック」で撮影を始めます。撮影中にピンチアウトするとズームイン、ピンチインするとズームアウトします。倍率のボタンだと「1x」と「2x」が切り替わります

2 倍率のボタンを長押しすると倍率を変更できるホイールが表示され、ドラッグすると正確な倍率でズームができます。なお、15 Pro Maxを含めて最大倍率は3xです

008 デジタルズームを使うなら 「ライブビュー」で位置を確認

iPhoneの写真やビデオでは、光学の倍率を超えたデジタルズームを利用できます。しかし、特に動く被写体などの場合、高い倍率で画面を見ていると見失ってしまうことがあります。

iPhone 15 Proシリーズでは、デジタルズームで8xを超えると、画面上に「ライブビュー」が表示されるようになりました。ライブビューはズームが8xに達した時点で右上に自動的に表示され、フレーム内が今どこなのかを黄色い枠で示してくれます。

「カメラ」アプリで被写体にズームしていきます。光学倍率を超えてデジタルズームの8xになると、右上に「ライブビュー」が表示されます。周囲を確認できるので、位置がわかりやすいです

手ブレしないように慎重に…！

動画の撮影でも同様で、デジタルズームで8xを超えるとライブビューが表示されます。なお、表示されるのは「写真」と「ビデオ」のみで、「スロー」では表示されません

メインカメラの焦点距離を
カスタマイズする方法

iPhone 15 Proシリーズの「カメラ」に、地味だけど意外に便利な機能が追加されました。メインカメラのデフォルトは通常1x（焦点距離24mm）ですが、「1x」をタップすると1.2x（28mm）に、さらに「1.2x」をタップすると1.5x（35mm）へと段階的にズームできるんです。また、「設定」アプリで28mmまたは35mmをデフォルトレンズに設定することも可能です。写真にこだわりがある人には、ちょっとうれしい選択肢ですね。

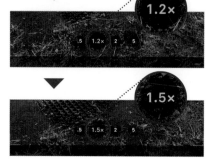

指定したレンズで撮影できる！

1 「設定」アプリの「カメラ」➡「フォーマット」➡「写真モード」で「24MP」を選択し、「カメラ」に戻って「メインカメラ」を選ぶと、28／35mmのオン／オフの切り替えが可能。デフォルトレンズを28／35mmに変更することもできます

2 「カメラ」アプリで撮影時、「1x」（24mm）の状態で「1x」タップすると「1.2x」（28mm）、さらにタップすると「1.5x」（35mm）に切り替わります。なお、1.2x／1.5xの記録解像度はいずれも2400万画素になります

010 データサイズを抑えながら 4800万画素で撮影する方法

　iPhone 15シリーズでは全機種のカメラが4800万画素に強化されました。ただし、通常は2400万画素か1200万画素で撮影され、4800万画素での撮影は設定変更が必要です。以前は4800万画素で撮影する際には「ProRAW」形式しか選べず、1枚当たりのデータ量が巨大でした。iOS 17では、4800万画素で撮影したデータを圧縮率の高いHEIF形式（「互換性重視」でJPEG）で保存できます。今後は4800万画素で撮影する機会が増えそうですね。

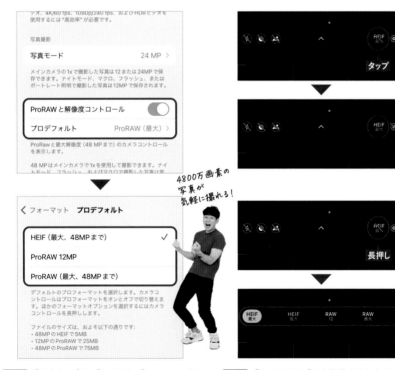

4800万画素の写真が気軽に撮れる!

1 「設定」アプリの「カメラ」➡「フォーマット」で「ProRAWと解像度コントロール」（または「解像度コントロール」）をオンにして、4800万画素の撮影を有効にします。すぐ下の「プロデフォルト」で「HEIF（最大、48MPまで）」を選択します

2 「カメラ」アプリを起動すると右上に斜線の入った「HEIF最大」ボタンがあります。タップすると有効になり、4800万画素のHEIF形式で撮影できます。なお、長押しするとProRAW形式に切り替えることも可能です

011 カメラの「水平」機能で 風景や建物をまっすぐ撮影

iPhoneで撮った写真の風景や建物などが傾いていたら、気になりますよね。iOS 17では、「カメラ」アプリに「水平」機能が搭載されました。カメラを構えてiPhoneが水平に近づくと白い線が現れます。その線が両端の線と一直線になるようにiPhoneを傾けて、線が黄色に変わったら水平になった合図です。線が消えますが、そのままのアングルで撮影しましょう。なお、この機能はカメラを縦／横どちらに構えていても使用できます。

1 「設定」アプリの「カメラ」で「水平」をオンにします。ちなみに、その上にある「グリッド」をオンにするとガイド線が表示されて、良い構図の写真やビデオが撮りやすくなります

2 カメラを構えてiPhoneを水平に近づけると、中央に白い線が現れます。傾けて水平になると黄色になり、約1秒で消えます。その状態を維持して撮影しましょう

012 「ピープルとペット」で ペットのアルバムを自動作成

「写真」アプリの、写っている人の顔を自動で識別して分類する「ピープル」アルバム。iOS 17では、人だけでなくペット（犬と猫）も認識される「ピープルとペット」アルバムに進化しました！人と同様にペットも名前で検索できるので、多頭飼いの人が特定のペットの写真を探すときなど便利ですよね。そのペットの写真をよく見る場合は、お気に入りとして設定すると見つけやすくなります。誤認識されることもありますが、修正できます。

同じ犬種でも見分けてくれる！

「ピープルとペット」アルバムで分類された人やペットに名前を付けるには、その人やペットの写真をタップして上部の「名前を追加」をタップし、名前を入力します

開いた写真に写っている人やペットに名前を付けるには、①をタップして詳細を表示し、写真左下の［？］の付いたアイコンをタップ。「このペットの名前を指定」を選んで名前を入力します

iPhoneをかざすだけで
リアルタイムで翻訳

iOS 17で「翻訳」アプリが進化して、外国語にカメラをかざすだけでリアルタイムで翻訳できるようになりました。海外旅行などで、レストランのメニューやホテルの貼り紙などの意味がわからないとき、iPhoneのカメラを向ければすぐに翻訳してくれます。

英語や中国語、韓国語など20言語に対応しているので使用範囲が広く、手書き文字も認識するので、メモ書きや筆談での利用も可能です。「写真」アプリのライブラリの画像の文字も翻

海外旅行の
心強いパートナー！

1 「翻訳」アプリの画面下部の「カメラ」をタップし、初期状態で「英語→スペイン語」となっている箇所をタップして、読み込むテキストの翻訳先の言語を選択します

2 翻訳したいテキストにかざすと、翻訳されたテキストが重なって表示されます。画面下のシャッターボタン（〇）をタップして表示を一時停止すれば、内容をゆっくり確認できます

訳可能で、とりあえず写真を撮って
あとで翻訳するといった使い方もで
きます。使用する言語をあらかじめ
iPhone内にダウンロードしておけば、
飛行機の中や電波の届かない場所で
も活躍してくれますよ!

MEMO

**便利なフレーズを
「よく使う項目」に登録**

翻訳したテキストを「よく使う項目に追加」
で登録しておくと、「よく使う項目」で読み
上げるなど、再利用が可能です。海外
旅行先などで、使えそうなフレーズを見
付けたら、登録しておくと便利です。

3 停止した翻訳表示をタップすると下から
メニューが開き、原文や翻訳文を音声で
聞けるほか、翻訳テキストをコピーしたり、翻訳
をよく使う項目のリストに追加したりできます

オフラインでも翻訳するためには、「設定」アプリ
の「翻訳」➡「ダウンロードされた言語」で、必要
な言語をダウンロードします。完了すると「オフ
ラインで使用可能」に追加されます

いざというときに役に立つ！
iPhoneがモバイルバッテリーに

iPhone 15シリーズで採用された USB-Cポートにはさまざまな特徴が ありますが、そのひとつに給電機能が あります。実はiPhone 15シリーズは、 小型デバイスなどを充電することが できるんです。例えば、Apple Watch やAirPodsの電池残量がないときは、 iPhoneを電源として充電が可能です。 USB-CとLightningであればLightning に一方通行で給電され、USB-C同士で あれば電池残量が足りないほうに給 電されます（一部例外を除く）。

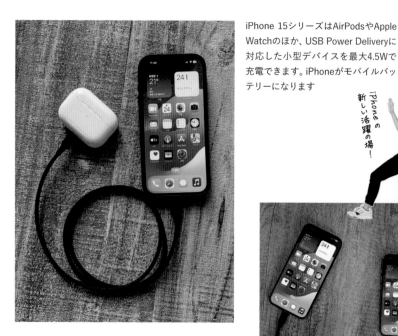

iPhone 15シリーズはAirPodsやApple Watchのほか、USB Power Deliveryに 対応した小型デバイスを最大4.5Wで 充電できます。iPhoneがモバイルバッ テリーになります

iPhoneの 新しい活躍の場！

iPhone同士を接続して充電することも 可能です。片方がLightningポートの場 合はLightning側の充電になりますが、 USB-C同士であればバッテリー残量が 低いほうが充電されます

015

その場から離れても大丈夫! 進化したAirDropに注目!

近くにあるアップル製デバイス間でデータを転送できるAirDrop。iOS 17では、転送中にその場を離れてもWi-Fiやモバイルデータ通信を使って継続できるようになりました。便利になった一方で、接続可能なWi-Fiがない環境ではモバイルデータ通信を使用するため、大きいデータを転送すると通信費が発生することも。データ使用量が気になる場合は、モバイルデータ通信の使用をオフにしておくと安心ですね。

便利だけど使い方に注意!

AirDropの転送中に、Bluetoothの通信範囲(約10m)を超えて移動すると、自動でWi-Fi通信に切り替わります。Wi-Fiに接続できない場合はモバイルデータ通信を使います

AirDropでモバイルデータ通信を使いたくない場合は、「設定」アプリの「一般」➡「AirDrop」で「モバイルデータ通信を使用」をオフにしておきましょう

016 iPhoneにSIMを2つ登録して デュアルSIMにする方法

iPhoneはデュアルSIM（シム）に対応しています。デュアルSIMとはモバイル通信を2回線使える仕様で、iPhoneの場合、物理SIMとeSIM（イーシム）、もしくはeSIMを2つ搭載した状態を指します。仕事とプライベートで2つ電話番号を持っていたり、音声通話とデータプランなど2つの契約をしたりと、用途の異なる回線を1台で済ませられるメリットがあります。

iOS 17では、電話番号ごとに別々に着信音を設定できるようになりまし

1 SIMを2つ検知すると、自動的にモバイル通信プランの追加の画面が開き、続いて名称を選択します。例えば、「仕事」「個人」などから選択するほか、カスタム名称も入力できます

2 連絡先に未登録の番号に発信する際のデフォルトの回線を決めます。「連絡先」アプリでは、登録者ごとに発信回線を指定できます。次に、iMessageとFaceTimeの回線を決めます

た。これまでは連絡先に登録していない番号からの電話の場合、どちらにかかってきたのかすぐに判断ができませんでしたが、それが解消します。ここでは、iPhoneをデュアルSIMにする設定方法と着信音の設定を紹介します。

MEMO

2つに分かれたアンテナがデュアルSIMの証!

デュアルSIMを利用中のiPhoneは、ステータスアイコンのアンテナが、上下に分割して表示されます。これは各回線のステータスを表していて、それぞれの状況が個別に確認できるようになっています。

3 モバイルデータ通信のデフォルトの回線を決めます。「モバイルデータ通信の切替を許可」をオンにすると、回線状況に応じて切り替わります。「完了」をタップして設定終了です

4 デュアルSIMの設定後、「設定」アプリの「サウンドと触覚」➡「着信音」を開くと、それぞれのSIMの着信音を個別に設定できます。初期状態では両方とも同じ着信音です

日本語手書きキーボードで読めない漢字を入力!

　読書中に読めない漢字に遭遇しても、そもそも読めないのでネットで調べることもできず、困ったことはありませんか? 最近ではテキスト認識表示機能を使ってカメラで読み取ることもできますが、外出先などではカメラを立ち上げにくいケースもあります。そんなときに助けてくれるのが「手書きキーボード」です。これまでも中国語の手書きキーボードで漢字の入力は可能でしたが、iOS 17では、ついに日本語対応の手書きキーボードが追

1 キーボードを追加します。「設定」アプリで「一般」➡「キーボード」に進み、さらに「キーボード」をタップします。次の画面で「新しいキーボードを追加」をタップします

2 キーボードのリストが表示されたら、画面上部の「推奨キーボード」で「日本語」をタップします。続いて「手書き」をタップしてチェックを付けたら「完了」をタップします

加されました。読めない文字はもちろん、一発変換できない固有名詞なども手書きで入力できちゃいます。ちなみに、漢字だけでなく、見慣れない通貨記号など入力の仕方がわからない記号の変換にも便利ですよ。

MEMO

入力欄はスワイプで拡張!

手書きキーボードの入力欄が狭いと感じたら、入力欄上部のバーの部分を上方向にスワイプすると、スペースが広がります。ただし、縦書きにすると認識できないので注意しましょう。

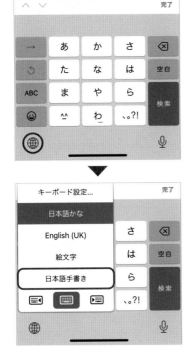

3 手書きキーボードを使用するには、テキスト入力欄をタップしてキーボードを表示したあと、左下の地球儀のアイコンを長押しして、メニューから「日本語手書き」をタップします

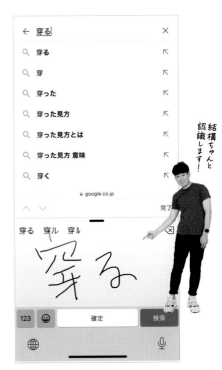

4 空白のエリアに指で文字や記号を入力します。複数候補が表示されたら、目的の語句をタップして確定します。Safariの検索欄に書けば、そのまま検索して読み方を確認できます

018

LINEのスタンプのような「ステッカー」を作ろう

iPhoneにもLINEのスタンプのような機能があるのを知ってましたか？「ステッカー」といって、好きな絵柄をiMessageやメールなどに貼り付けることができます。

iOS 17では、「写真」アプリからオリジナルのステッカーが作れるようになりました。自分で撮影した写真から被写体を抽出できるので、自分だけのオリジナルキャラクターのステッカーを送れます。さらに、ステッカーにはエフェクトを加えて、アウトラインを追

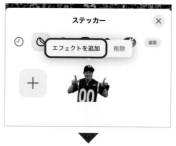

1 「写真」アプリでステッカーにしたい写真をフルスクリーン表示にします。被写体部分を長押しし、周囲が光って選択されたら指を離して「ステッカーに追加」をタップします

2 この操作だけで「ステッカー」に追加されます。「エフェクトを追加」をタップして、画面下のサンプルから選ぶと、エフェクトが適用されます

加したり、キラキラ光らせて本物のステッカーみたいに仕上げることもできます。ちなみにLive Photosから作ると、動くステッカーにもなるんです。ステッカーが飛び交うと、メッセージのやり取りが楽しくなりますよ!

MEMO

LINEでは画像として送信される

作成したステッカーは、LINEでも送信できます。ただし、切り抜きの外側が透過されず背景に白や黒の色が付いてしまいます。なお、入力はキーボードの「絵文字」から行います。

3 「メッセージ」アプリのメッセージの入力画面で、入力欄の左の[＋]をタップして、メニューから「ステッカー」を選ぶと、ステッカー一覧が表示されます

4 好きなステッカーをタップしてメッセージとして送れるほか、ドラッグして相手の吹き出しに貼り付けたり、本物のステッカーのように好きな位置に配置することもできます

45

ポーズを決めると花火が上がる
楽しくなったFaceTime

iOS 17で、FaceTimeがまた大きな進化を遂げました。例えば、ビデオや音声でメッセージを残せる留守電機能や、Apple TVを接続したテレビモニターでFaceTimeの通話やビデオ会議が可能になっています。

そして、もうひとつ。ビデオ通話中の面白機能として、ジェスチャを認識して風船や紙ふぶきなどを画面いっぱいに表示させるエフェクト「リアクション」が追加されました。この機能を知らない人とのビデオ通話中に、

コツは手を突き出すように!

1 FaceTimeやZoom使用時にコントロールセンター左上の「エフェクト」をタップして、使いたいエフェクトをオンに。「ポートレート」と「スタジオ照明」はメニューで調整できます

2 「リアクション」は、ハンドジェスチャで画面内にエフェクトを表示できます。片手でピースサインをすると風船が上がり、両手でピースサインすると紙ふぶきが舞います

ジェスチャを繰り出したら、ビックリされること間違いなし！ ほかにスタジオ照明やポートレートモードなどのビデオエフェクトも搭載。なお、ビデオエフェクトは、FaceTime以外の対応ビデオ会議アプリでも利用可能です。

MEMO

**応答がない相手に
ビデオメッセージを残す**

FaceTimeで発信した相手が応答しないときに、画面下部に表示される「ビデオ収録」をタップすると、カウントダウンに続いてビデオメッセージの録画、送信が可能です。また、オーディオ通話の場合は、音声メッセージが残せます。

3 両手のサムズアップで花火が打ち上がり、下げると雨が降ります。マジメなビデオ会議で取るポーズではありませんが、仕事で使うときは念のためにオフにしましょう（笑）

4 リアクションはジェスチャ以外でも利用できます。通話中に自分のプレビュー画面を長押ししてメニューを開き、アイコンをタップすると、自分の背景に表示されます

020 目的地に着いたと知らせる 「到着確認」機能を活用する

　夜遅い時間の帰り道や、子どもだけで遊びに行くときなど、少しでも不安があるときに利用したい機能「到着確認」が、iOS 17で追加されました。

　この機能は、「メッセージ」アプリを使って、目的地や移動にかかる時間などを設定した「到着確認」を家族や友人に送信し、予定の時間までに目的地に到着できたかを通知します。予定の時間になっても通知がなく、応答もない場合、また、iPhoneが圏外になったり電源が切られたりした場合に、移

1 移動する本人の「メッセージ」アプリの新規メッセージ画面で、「到着確認」を共有する相手を宛先に入力して入力欄左の［＋］をタップ。メニューから「その他」をタップします

2 一番下にある「到着確認」をタップしてメッセージ画面に戻ったら、「編集」をタップします。なお、この機能は送信者と受信者双方がiOS 17以降である必要があります

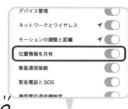

動した本人の位置情報やiPhoneの状況がメッセージの共有先に送信されます。無事に到着すれば位置情報等の個人情報は共有はされません。また、予定より早く到着した場合は「到着確認」をキャンセルできます。

MEMO

「位置情報の認証が必要です」と表示される場合

「到着確認」の利用には、「設定」アプリの「プライバシーとセキュリティ」➡「位置情報サービス」で「システムサービス」をタップし、「位置情報を共有する」がオンになっていることを確認しましょう。

無事に着いたよ！

3 「到着時」では、目的地や予想所要時間（移動手段）を設定。「タイマー終了後」ではタイマーを設定します。設定した時間経過後15分以内に応答がないと通知されます

4 設定が完了したらメッセージを送信します。終了すると、本人に確認パネルが表示されるので、無事に到着した場合は「終了」を、遅れる場合は「時間を延長」をタップします

021 オーディオメッセージは 文字で読める！

メッセージのやり取りで、素早く内容を伝えたり、微妙なニュアンスを表現するのに便利なオーディオメッセージですが、弱点は音声を聞かないと内容がわからないところでしょう。混雑した電車内など、音声を聞きづらい状況では、内容が確認できません。

でも、もう大丈夫です。iOS 17では、オーディオメッセージの内容が自動的に文字起こしされるようになったのです。もちろん、これまでどおり耳に当てるだけで聞くこともできますよ！

これは意外に便利な機能…

1 「メッセージ」アプリの入力欄の左にある［＋］をタップして、メニューから「オーディオ」をタップします。元の画面に戻り、メッセージを録音して送信します

2 受信したオーディオメッセージに、自動で書き起こされたテキストが添えられます。長い文章はタップすると別ウインドウで表示されます。なお、耳に当てると音声で再生します

022 電波が弱い場所では オフラインマップを使おう

iOS 17の「マップ」アプリでは、オフラインマップが使えるようになりました。Wi-Fi環境下で事前にマップをダウンロードしておけば、電波が入りにくいエリアや災害など不測の事態で圏外になっても、ダウンロードした範囲の経路案内をしてくれるので安心です。もちろん海外のマップもダウンロードできるので(一部地域を除く)、海外旅行で、すぐに回線が確保できないとか、モバイルデータ通信を節約したいといったときにも役立ちますよ。

いざというときのために
ダウンロード!

1 「マップ」アプリでおおよその場所をピンが表示されるまで長押しし、画面下に表示される「ダウンロード」をタップ。次の画面で範囲を指定して、「ダウンロード」をタップします

2 ダウンロードしたマップを開くには、まず検索ボックス右側のアイコンをタップします。続いて「オフラインマップ」をタップすると、オフラインマップの画面が開きます

オススメは
iPhone 15か15 Proか

　買うのはProシリーズか、そうでないか、これは毎回悩ましいところでしょう。今回の15シリーズの最大のトピックは、USB-Cの採用／カメラの4800万画素／ダイナミックアイランド搭載の3つで、使い勝手や性能で考えると、Proではない機種としては、ここ数年で最も有力な選択肢になったと思います。

　一方の15 Proシリーズのメリットで見落としがちなのは、Proシリーズのみに引き継がれた2つの機能、フォーカスが合いにくい近距離撮影を実現する「マクロ撮影」、画面に触れることなく情報確認できる「常時表示ディスプレイ」です。加えて、世代交代したチップセット「A17 Pro」も重要です。本体の軽量化も含め、いずれも派手な機能追加ではなく、普段何気なく使っている部分なのでメリットに気付きにくいのですが、常に使い勝手を向上させてくれているものです。

　近年のiPhoneはかなり高額になった印象ですが、予算が許せば、Proシリーズのほうが満足度が高いのではないかと、個人的には思います。

新機種を手に入れたら、まずはデータ移行！ 大切な
iPhoneの中身をしっかりバックアップして、新しい
iPhoneに転送しましょう。用意された機能をきちんと使
えば、機種変更は意外に簡単なんです！

Chapter

2

失敗なしで移行完了！
機種変データ移行テクニック

023 iPhoneからiPhoneへ 超簡単データ移行！

新しいiPhoneを手にした喜びも束の間、機種変更の最初にして最大の難関、データ移行が待っています。ただし、旧iPhoneがあれば話は別。新iPhoneに旧iPhoneをかざすだけの「クイックスタート」で、データ移行は超簡単！ なお、この機能は iOS 12.4以降のiPhoneで利用可能です。

とはいえ、何らかのトラブルが起きる可能性はゼロではありません。念のため、バックアップも取っておきましょう（P.56、P.60参照）。

1 新しいiPhoneを起動して、言語や地域を選択するとクイックスタートの画面になります。ここで新iPhoneはいったん置いて、これまで使用していた旧iPhoneを用意します

2 旧iPhoneを置いておいた新iPhoneに近づけると、「新しいiPhoneを設定」と表示されるので、Apple IDを確認して「続ける」をタップします

MEMO

新iPhoneのOSのほうが 古い場合はアップデート

iOSは、特に新機種が出た直後、頻繁にアップデートします。そのため購入した新機種のOSのほうが旧機種よりも古い場合があります。クイックスタートの前にアップデートを促されたら、「今すぐアップデート」を実行しましょう。

Wi-Fiなどの設定も転送されてラクチン!

3 新iPhoneにモヤモヤしたパターンが表示されると、旧iPhoneの画面下半分がカメラに切り替わります。カメラの円の中にモヤモヤしたパターンが収まるように配置します

4 パスコードを入力後、各種設定へと進みます。Apple IDを確認するとデータ転送が始まります。転送終了後、App Store経由でアプリがインストールされて完了です

024

普段のメンテナンスにも!
iCloudでバックアップしよう

iPhoneを買ったら、まず設定しておきたいのがバックアップです。機種変更時のデータ移行はもちろん、iPhoneの不具合で初期化が必要になったときにも、バックアップがあれば安心です。パソコンを使う方法もありますが（P.60参照）、iCloudを使えば、iPhone単体でバックアップできます。電源やWi-Fiへの接続と画面がロックされているなどの条件がそろえば、寝ている間に自動でバックアップ完了です。

なお、iCloudのバックアップで保存

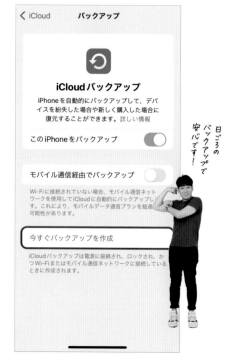

1 「設定」アプリ画面上部の名前➡「iCloud」の順にタップして「iCloud」画面を開き、「iCloudバックアップ」をタップします。バックアップ時は、Wi-Fi接続がオススメです

2 「今すぐバックアップを作成」をタップします。なお、自動バックアップは電源と回線につながった状態で、なおかつ画面がロックされている場合に実行されます

されるのは、アプリが保持するデータや設定、購入履歴などで、アプリ本体や、すでにiCloudに保存済みのデータは含まれません。これらのデータは復元の際にiCloudやApp Storeから直接ダウンロードされます。

MEMO

機種変時だけ無料で使える
iCloudストレージ!

新iPhone購入時に限り、転送用のiCloudストレージが無料で利用できます。このストレージに作成したバックアップデータの保存期間は21日間。また、旧端末はiOS 15以降にアップデートしておく必要があります。

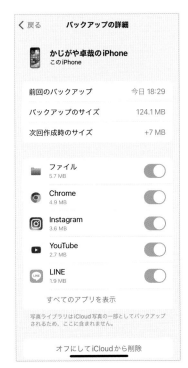

3 バックアップが作成されると、iCloud上にバックアップを作成したデバイスが表示されます。「このiPhone」をタップして、バックアップの内容を確認しましょう

4 タップしたデバイス（ここでは「かじがや卓哉のiPhone」）のバックアップ情報のほか、各アプリのデータのバックアップ状況や、バックアップのオン／オフを切り替えも可能です

iPhone1台で移行可能！
iCloudから復元する

先に紹介した「クイックスタート」（P.54参照）は、最も簡単なデータの移行方法ですが、新しいiPhoneの購入と同時に古いiPhoneを手放してしまった場合、クイックスタートは使えません。そこで、前のページで説明した

iCloudに保存したバックアップを使って新しいiPhoneに旧iPhoneの内容を復元する方法を説明します。

バックアップからの復元は、機種変更だけでなく、トラブルなどでリセットが必要になったiPhoneを元の状態

1 新しいiPhoneまたはリセットしたiPhoneで、国や言語、Wi-Fiなどを設定したあと、クイックスタートの画面で「もう一方のデバイスなしで設定」をタップします

2 続いて表示される手順に従ってiPhoneのアクティベートと初期設定を行い、「アプリとデータを転送」画面が表示されたら、「iCloudバックアップから」をタップします

に戻すときにも使えるので、次のページのパソコンを使ったバックアップと併せて、いろいろな方法を覚えておくと安心です。旧機種を手放す際はもちろん、日頃から定期的にバックアップを取っておくことも忘れずに!

MEMO

iCloudのサインインは
2ファクタ認証

Apple IDを使ってデバイスやWebブラウザでサインインする場合、2ファクタ認証を行います。iCloudバックアップからの復元の際にも認証が必要になるので、信頼できるデバイスの準備をしておきましょう。

3 Apple IDとパスワードを入力してバックアップを作成したiCloudにサインインすると、「バックアップを選択」画面が開くので、復元したい日時を選択します

4 さらに、Apple PayやSiriなどの設定を行ったあと、最後にiCloudからの復元が開始します。なお、Apple PayやSiri、Face IDなどは、あとから設定することも可能です

026

パソコンを使えば iPhoneが丸ごとバックアップ

クラウドは手軽で便利ですが、パソコンを使えば、iPhoneのデータを手元でしっかり管理できます。パソコンできっちりバックアップしたい人は、こちらの方法がオススメです。

パソコンでのバックアップ管理は、

容量が気になるiCloudに比べてストレージに余裕があり、Wi-Fiやモバイルデータによる通信が発生しないので、通信量を気にせず気軽にバックアップできるメリットもあります。

また、iPhoneと同じアップル製

1 ここではmacOS SonomaをインストールしたMacでバックアップを作成します。まずUSB-CやLightningなど、対応したケーブルでiPhoneとMacを接続し、FinderウインドウのサイドバーでiPhoneを選択します

2 初めてiPhoneとMacを接続すると、双方の画面で互いのデバイスについて確認メッセージが表示されます。それぞれ「信頼」をクリック／タップします

のMacなら、iPhoneを 接 続 す る と、
バックアップの作成や同期、復元が、
Finderから直接実行できます。なお、
WindwosやmacOS Catalina以 前 の
Macでは「iTunes」というメディア再
生・管理ソフトを使って同期します。

3 MacのFinderウインドウで「iPhone内のすべてのデータをこのMacにバックアップ」にチェックを付け、「今すぐバックアップ」をクリックします。「ローカルのバックアップを暗号化」にチェックを付けると、復元時のパスワード入力画面になります。このパスワードは忘れないように注意が必要です。なお、下部の「オプション」項目の「Wi-Fiがオンに〜」にチェックを付けると、次回からWi-Fi接続で同期可能です

4 バックアップ完了後、「バックアップを管理」をクリックすると、過去に作成したバックアップのリストが表示されます。古いバックアップなど不要なデータがあれば、ここで削除できます

027

パソコンのバックアップから iPhoneを復元する

パソコンで作成したバックアップは、データの復元もiPhoneとパソコンを接続して行います。パソコンでのバックアップには、認証情報や再ダウンロードが可能なコンテンツなどの例外を除いて、iPhoneをほとんど丸ごと保存できるので、機種変更や不具合でiPhoneをリセットしたときに、ほぼ元の状態に戻せるメリットがあります。では、前ページで作成したパソコンのバックアップからiPhoneを復元してみましょう。

1 P.60の **1** の要領でiPhoneをMacに接続し、FinderウインドウのサイドバーでiPhoneを選択します。信頼性を確認する画面が表示されたら、MacとiPhone双方で「信頼」をクリックします。新しいiPhoneやリセットしたiPhoneを接続すると、次のような画面が表示されます

2 「このバックアップから復元」でバックアップ元を選択し、「続ける」をクリックします。復元データが出てこない場合は、iOSのバージョンが古い可能性があります。iPhoneが新品でもアップデートが必要なこともあるので注意しましょう

MEMO

バックアップの対象に含まれないもの

パソコンでバックアップした場合でも、
次のものは対象に含まれないので注意しましょう。

- App StoreやiTunes Storeなどから入手したアプリやコンテンツ
- iCloudにすでに保存されているデータ（メール／ iCloud写真など）
- Face IDやTouch IDの設定
- Apple Payの情報と設定内容

3 バックアップ作成時に、データの暗号化を有効にした場合は、設定したパスワードを入力してから、「復元」をクリックします。パスワードを間違えると復元できません

4 復元中は、ケーブルを抜かずに待ちましょう。iPhone側に「復元しました」が表示されたら「続ける」をタップし、画面の指示に従って初期設定を行います。なお、アプリの設定やデータはバックアップから復元されますが、アプリ本体はApp Storeからダウンロードされるので、そのまま待機します。回線はWi-Fiがオススメです。このときケーブルは抜いても構いません

028

格安SIMを使うなら
APN構成ファイルを忘れずに

大手キャリア以外のMVNO事業者と契約して、いわゆる「格安SIM」を使っている人は、「APN構成ファイル」のインストールが必要です。新規契約時はもちろん、前のiPhoneからSIMカードを差し替えて引き継ぐ際にも、忘れずにインストールしましょう。大手キャリアで機種変更した場合は、この操作は不要です。

また、最近のiPhoneにはeSIMという、自分でSIMカードを挿さなくても端末に内蔵されたチップを使っ

ここでは物理的なSIMカード使用時のAPN構成ファイルのインストール方法の一例を紹介します。まずはiPhoneの電源をオフにしてSIMカードを挿します。iPhoneを起動し、Wi-Fiに接続した状態で、契約しているMVNOのAPN構成ファイルをダウンロードします

2 APN構成ファイルをダウンロード後に「設定」アプリを起動して、名前の下に「ダウンロード済みのプロファイル」と表示されていればOKです。そこをタップしましょう

64

て通信プランをアクティベートする仕組みが組み込まれています。どちらの場合も、契約している通信事業者によって設定方法が異なるので、詳しくは各MVNOのWebサイトなどで確認してください。

3 ダウンロードしたAPN構成ファイルが表示されます。右上の「インストール」をタップし、確認メッセージ表示後に再度「インストール」をタップするとインストールが始まります

4 インストールが終わると、「インストール完了」の画面になるので、「完了」をタップします。Wi-Fiを一時的にオフにして、右上に「4G（または5G）」の表示があれば完了です

機種変更時のセットアップで
Suicaの移行もスイスイ!

「ウォレット」アプリに登録した各種カードの情報は、iCloud上にバックアップされるので、新しいiPhoneに同じApple IDでサインインすれば復元できます。ただし、Suicaなどの交通系ICカードは、複数の端末間で同期できません。そのためデータを移行してしまうと旧端末側のカードが自動的に使えなくなります。旧iPhoneも併用する予定がある場合は、セットアップ時の移行をスキップして、あとから追加するといいでしょう。

1 新iPhoneの初回セットアップでは、ウォレットの情報も移行対象です。Suicaを対象から除外するには「ウォレット」をタップします。ここで移行が完了すると、旧iPhoneのカードは使用が停止されます

2 新iPhoneにあとからカードを復元するには、「ウォレット」アプリで[+]をタップし、「ウォレットに追加」画面で「以前ご利用のカード」をタップします。なお、旧iPhoneのSuicaを削除してから操作しましょう

030 QRコードが超便利!
機種変更時のLINE移行術

LINEがメインの通信手段という人にとって、機種変更時のデータの引き継ぎは超重要! LINEには移行方法がいくつか用意されていますが、新旧iPhoneを使って簡単に乗り換えできるのが「QRコードでログイン」です。

なお、旧iPhoneが手元ない場合は、LINEアカウントに紐付けたApple IDやメールアドレスでログインします。いずれの場合もメールアドレスやパスワードの登録、トークのバックアップなどの準備をお忘れなく。

1 旧iPhoneの「LINE」アプリで「設定」➡「かんたん引き継ぎQRコード」をタップして、QRコードの画面を表示します。引き継ぎの操作を行う前に、トークのバックアップを必ず取っておくようにしましょう

2 新しいiPhoneで「LINE」アプリを起動し「LINEへようこそ」画面の「ログイン」➡「QRコードでログイン」をタップして旧iPhoneのQRコードを読み取ります。あとは画面の指示に従って本人確認やトークの引き継ぎを行います

復元してすぐ使うアプリを
優先的にダウンロードする方法

iPhoneを復元すると、セットアップ後にアプリのダウンロードが始まります。ボクのように山のようなアプリをインストールしていると、ものすごく時間がかかって、気が遠くなる作業です（笑）。しかも、インストール待ちのアプリは「待機中...」となり、すぐに使うことができません。早く使いたいアプリは、アイコンを長押しして表示されたメニューから、「ダウンロードを優先」を選択すれば、優先的にダウンロードされますよ。

1 iPhoneの一連の復元作業の最後がアプリのダウンロードです。すぐに使いたいアプリが「待機中...」の場合は、長押ししましょう。なお、ウィジェットもアプリと共に復元されます

2 アプリは順不同で数個ずつダウンロードされますが、開いたメニューから「ダウンロードを優先」を選べば、優先的にダウンロードされ、終わればすぐに起動できます

032
Androidからの乗り換えも
iOS アップル純正アプリでOK！

「AndroidからiPhoneに乗り換えたいんだけど、データの移行が面倒くさい……」。そんな知り合いがいたら、Android用の移行ツール「iOSに移行」を勧めてみましょう！

「iOSに移行」は、アップル純正のデータ移行ツールで、連絡先や写真、メールアカウントにブックマークなどが簡単かつ安全に移行できます。なお、移行作業はAndroidとiPhone両方のデバイスを電源とWi-Fi回線に接続した状態で行います。周囲にiPhoneユーザーが増えると、AirDropなどのやり取りもできますよ！（P.18参照）

1 Androidの「Playストア」から「iOSに移行」をインストールします。新しいiPhoneまたはリセット後の「こんにちは」が表示されているiPhoneを準備してから、Android側で「iOSに移行」アプリを起動します

2 新iPhoneの初期設定で「Appとデータ移行」まで進み、「Androidからデータ移行」を選ぶと表示される6桁のコードをAndroid側に入力します。その後、転送したいデータを選択すると転送が始まります

USB-Cポートになったら
何が変わるの?

　iPhone 15シリーズではUSB-Cが採用され、iPhone史上2度目となるコネクターの変更となりました。従来のアップル独自のコネクターとは異なり、USB-Cは広く普及した規格なので、iPhoneで使える周辺機器が大幅に増えました。

iPhone 15シリーズのUSB-Cの特徴
✓ USB-C対応の外部ストレージが接続可能(P.160参照)
✓ 最大4.5Wで、ほかのデバイスを充電(P.38参照)
✓ アダプターを使わずに外部ディスプレイへ直接出力
✓ 汎用のアダプター経由でSDカードなどを接続可能
✓ ProResフォーマットでの動画撮影時に
　外部ストレージへ直接保存(P.28参照)
✓ 最大10Gbpsでの高速データ転送(Proシリーズ／ケーブル別売)
✓ 充電速度は従来のLightningポートと変わらない

　個人的には、地方のロケなどにMacBook Airを持って行くのですが、充電用ケーブルを兼用できるので、かなり楽になったと感じます。また、Macで使っている多くのUSB-C対応機器がそのまま使えており、その点でも便利ですね。

誰にでもすぐに使えるiPhoneですが、基本のテクニックを押さえておけば、その魅力は倍増！ ぜひ、周りの人にも教えてあげてください。ユーザー歴の長い方でも、長年の悩みが解消するかもしれません！

Chapter

マスターすれば初心者卒業！ iPhone基本のテクニック

3

033 ウィジェットを配置すれば ホーム画面がもっと便利に

iPhoneのホーム画面には、アプリを開かずに情報をチェックしたり、必要な機能を呼び出したりできる「ウィジェット」を配置できます。iOS 17の初期状態では、1ページ目の上段にウィジェットが自動で切り替わるスマートスタックが2つ配置されていますが、これらを別のウィジェットに置き換えたり追加したりできます。例えば、メモや連絡先をウィジェットから確認したり、リマインダーの項目を実行済みにしたり、あるいはタップして

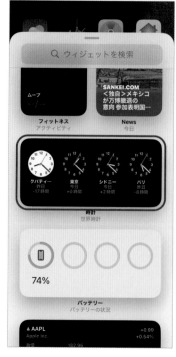

1 ウィジェットの配置は、まずホーム画面の空いている部分を長押しします（アイコン長押し➡「ホーム画面を編集」でもOK）。アイコンが震え始めたら、左上の［＋］をタップします

2 表示されたウィジェットの選択画面をスクロールすると、追加できるウィジェットを確認できます。配置したいウィジェットが見つかったらサムネールをタップします

アプリを起動できるものもあります。ウィジェットはホーム画面の好きな場所にアプリと並べて配置でき、表示サイズは大／中／小の3種類。ウィジェットを上手に活用すれば、iPhoneがもっと使いやすくなりますよ！

MEMO

「スマートスタック」した
ウィジェットの作り方

同サイズのウィジェットをドラッグして重ねると、スマートスタックになります。「スマートローテーション」をオンにすると、時間や場所に合わせて適したものに自動で切り替わります。

3 ウィジェットによってはサイズや表示内容の選択肢があります。画面を左右にスワイプしてサイズを選び、「ウィジェットを追加」をタップします

使いやすい位置に配置しよう

4 ウィジェットが配置されました。位置を変更できるほか、複数配置することも可能です。タップすると、該当のアプリが起動するほか、Webサイトが開くものもあります

034 ロック画面をカスタマイズして オリジナルのiPhoneに！

iPhoneのロック画面、どんな風にしていますか？ iPhone 14 Proや15 Proの常時表示ディスプレイでは常に目に留まるので、ロック画面にはこだわりたいですよね。

iPhoneの壁紙やロック画面には好きな画像や柄を配置することができます。その際、「写真」アプリなどに備わっている写真の切り抜きや被写界深度表示の機能のほか、カラーフィルタなどを利用することができるんです。うまく活用すれば、何でもない写真も

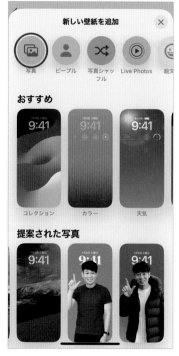

1 「設定」アプリの「壁紙」をタップして、画面中央付近にある「＋新しい壁紙を追加」をタップします。ロック画面で、ロック解除した状態で長押ししてもカスタマイズ画面になります

2 壁紙の追加画面が開きます。ここでは「写真」をタップします。「提案された写真」を直接選ぶことも可能です。下のほうに「万華鏡」「絵文字」などのカテゴリーも用意されています

カッコよく仕上がります。

　また、ロック画面にウィジェットを配置すれば、置いてあるiPhoneをチラッと見るだけで降水確率や気温、今日の予定などの情報を確認できる実用的なロック画面になりますよ。

MEMO

壁紙の削除はロック画面から

作成した壁紙の削除は、ロック画面を長押ししてカスタマイズ画面に切り替えて行います。対象の壁紙を上にスワイプすると赤いゴミ箱アイコンが表示されるのでタップし、「この壁紙を削除」をタップすれば削除できます。

写真の切り抜き機能がこんなところでも！

3 「写真」では、「おすすめ」に壁紙に使えそうな写真が自動的に並びます。「アルバム」や「すべて」から自分が使いたい写真を選ぶこともできます。好きな画像を選びます

4 選んだ写真が配置されます。注目は、時計の文字の前に頭があるところ。これは右下のメニューの「被写界深度エフェクト」のオン／オフで前後が切り替わります

034

ロック画面をカスタマイズしてオリジナルのiPhoneに!

MEMO

ウィジェットを配置すると被写界深度が無効に

天気やスケジュールのチェック、アプリの起動などがすぐにできる便利な機能が、ロック画面のウィジェットです。ただし、ウィジェットを配置すると、「被写界深度エフェクト」が自動的にオフになり、有効にすることができません。

5 写真の配置やサイズを変更します。指2本で写真をドラッグすると位置を変更、ピンチアウト／インで拡大／縮小ができます。時計などの文字の色や種類は、写真に合わせて自動で選んでくれます

6 左右にスワイプすると、フィルタを選べます。一番上の日付をタップすると表示する情報、時計の文字でフォントとカラー、「ウィジェットを追加」でウィジェットが、それぞれ選択できます

MEMO

「写真シャッフル」で
タップするたびに写真が変わる

2の壁紙の選択画面で「写真シャッフル」を
選ぶと、一定期間、またはタップごとに写真
が切り替わる壁紙になります。写真は、自動
選択のほか、最大50枚まで手動で選ぶことも
できます。

お気に入りの
ロック画面が完成！

7 文字やフィルタ、色合いなどを調整した
あと「完了」をタップして、ロック画面と
ホーム画面の両方に設定するか、ホーム画面は別
途カスタマイズするか選択します。ホーム画面は
標準でぼかしが設定されています

8 これで、自動的に今の壁紙に適用されま
す。一度作成した壁紙からカスタマイズ
して一部を変更することもできます。作成した壁
紙は、ラインナップとして残り、選択できるよう
になります

ページの多いホーム画面は
不要なページを隠してスッキリ

気になるアプリを次々にダウンロードしていると、ホーム画面のページが増えすぎて、お目当てのアプリを探すために何度もスワイプしてページをめくっている人も多いのではないでしょうか。何を隠そう、ボクも昔はそう

だったんですが、今は違います！

ホーム画面を最終ページまでめくると、インストールされたアプリが自動的に分類されて配置される「アプリライブラリ」が用意されているので、たまにしか使わないアプリはそこで探す

1 アプリを長押ししてメニューから「ホーム画面を編集」を選ぶか、ホーム画面の空いている部分を長押し。アイコンが震え始めたら、ドック下部に並んだドットをタップします

2 ホーム画面のサムネールが並んだ「ページを編集」画面に切り替わります。ホーム画面が9ページ以上ある場合は、上下にスワイプすると表示されます

と便利です。さらに、あまり使わないページを非表示にしておくと、アプリライブラリまですぐにたどり着けるのでオススメです。出番の多いアプリを3ページ程度にまとめておくと、アプリを探すのが楽になりますよ。

MEMO

ドラッグ＆ドロップで
ページごと入れ替える

「ページを編集」の画面では、ページごと移動して順番を変更することも可能です。サムネールを長押ししてドラッグすれば移動できるので、あとは配置したい場所にドロップすればOKです。

隠したページは
すぐに戻せますよ

3 非表示にしたいページの下にあるチェックマークをタップしてチェックを外し、「完了」をタップします。元に戻したいときは、同じ画面を表示してチェックを入れます

4 削除したい場合は、チェックマークを外すと現れる「−」をタップして、確認のメッセージを確認して「削除」をタップします。ただし、削除したページは戻せないので注意しましょう

iPhoneの画面と周囲の音は
同時に収録できるんです

　iPhoneの画面を録画する「画面収録」では、画面の動きや音がそのまま収録できますが、周囲の音は録音されません。声を録音しながら画面収録する方法を紹介しましょう。

　画面録画は、コントロールセンターに「画面収録」を追加して、アイコンをタップすればOK。その際、アイコン長押しで「マイクオン」にすると、音声も同時録音できます。ゲーム実況や初心者に操作方法を教える動画を送りたいときにも便利ですよ！

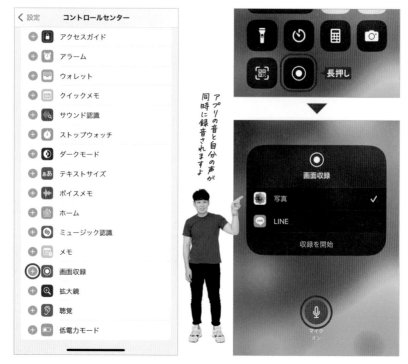

アプリの音と自分の声が同時に録音されますよ

1 「設定」アプリの「コントロールセンター」で、「コントロールを追加」リストから「画面収録」の［＋］をタップして、コントロールセンターに追加します

2 コントロールセンターで「画面収録」アイコンを長押しし、開いた画面でマイクボタンをタップすると音声録音がオンになります。保存先を選んで［収録を開始］をタップします

037
電話中に「消音」ではなく 「保留」のメロディを流す方法

　iPhoneでの電話中に来客があったときは、「消音」ボタンをタップするとこちらのマイクをオフにすることができます。でも、これって相手の音声は聞こえている状態なので、いわゆる「保留」とは違いますよね。あまり知られていませんが、この「消音」ボタンを長押しすると「保留」に切り替わるんです。保留中はメロディが流れて、お互いの声が聞こえなくなります。ただし、この機能を利用するにはキャリアとの契約が必要です。

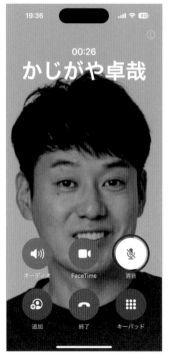

1 通話中に「消音」ボタンをタップすると「消音」モードに切り替わります。こちらのマイクがオフになり、相手には何も聞こえていない状態になります

iPhoneでも「保留」ができるんです！

2 「消音」ボタンを長押しします。指を離すと「保留」ボタンに切り替わって保留音が流れ、双方向で相手の音声が聞こえなくなります。解除するには「保留」ボタンをタップします

038 「コントロールセンター」を 使いやすくカスタマイズ

iPhoneの画面右上端から下方向にスワイプ（ホームボタンがある機種では画面下端から上にスワイプ）すると開く「コントロールセンター」では、音量や画面の明るさ調節、フラッシュライトなど、よく使う設定やアプリに素早くアクセスできます。実はこのコントロールセンターの内容をカスタマイズできることは知ってますか？ 自分が使いやすいように並べ替えられるほか、初期状態では用意されていない項目を追加することも可能です。

1 コントロールセンターのカスタマイズは、「設定」アプリの「コントロールセンター」で行います。まず「コントロールセンター」をタップします

2 項目を追加するには、画面下部の「コントロールを追加」のリストから目的の項目を選んで[+]をタップします。ここでは「アラーム」と「ボイスメモ」を追加します

MEMO

「隠れた機能」にアクセスする方法

コントロールセンター内の項目を長押しすると、隠れた機能や設定を呼び出せることがあります。例えば、左上にあるネットワーク関連のアイコングループを長押しすると、AirDropやインターネット共有の設定が現れます。

使いやすい位置に登録しよう！

3 追加した項目は、画面上部の「含まれているコントロール」に移動します。また、項目の右側にある「≡」を上下にドラッグすることで表示の順番を変更できます

4 追加した項目「アラーム」と「ボイスメモ」が配置されました。よく使う機能に指が届きやすくなるように、並び順も調整しておくといいでしょう

039 トントンすれば呼び出せる！「背面タップ」で起動！

あまり知られていませんが、iPhoneには、背面をダブルタップ、またはトリプルタップすると、あらかじめ割り当てたアクションを実行できる機能が隠されています。割り当てられるのは、カメラやSpotlightの起動、スク

リーンショット、音量調節、画面の向きのロックなどの機能のほか、ショートカット（P.168参照）にも対応しています。ちなみにボクはコントロールセンターを割り当てて、スワイプしなくても呼び出せるようにしています。

1 「背面タップ」を使用するには、まず「設定」アプリの「アクセシビリティ」を開き、「タッチ」➡「背面タップ」の順にタップして設定画面を表示します

2 「ダブルタップ」または「トリプルタップ」をタップして、割り当てる項目を選択します。ダブルタップとトリプルタップに、それぞれ異なる機能を割り当てられます

040 片手でのキーボード入力を ちょっと快適にする方法

iPhoneを片手で持って、親指だけで文字入力する人は多いと思いますが、指が届きにくい位置にあるキーは入力しづらくて困っていませんか？そんな人は、キーボードを左右どちらかに寄せて使うことをオススメします。入力する手のほうに寄せると、ずいぶん入力しやすくなりますよ。なお、入力画面のほか、「設定」アプリの「一般」➡「キーボード」➡「片手用キーボード」で設定することも可能です。

キーボードの地球儀アイコンを長押しして、メニューの右または左寄せのキーボードアイコンを選びます。元に戻したいときは、余白の矢印をタップすればOK

041 アルファベットの「大文字」を 連続して入力する方法

アルファベットをすべて大文字で入力するとき、1文字ずついちいちシフトキー（「⬆」）で大文字に切り替えながら入力するのって面倒ですよね。そんなときは、シフトキーをダブルタップしてみましょう。すると、パソコンの「Caps Lock」をオンにした状態と同じになります。動作しないときは「設定」アプリの「一般」➡「キーボード」で「Caps Lockの使用」がオンになっているか確認してください。

英語キーボード左下のシフトキーをダブルタップします。黒い矢印の下に「Caps Lock」が有効になったことを表す横線が出てきたら、以降は大文字で連続入力できます

042 「ホームコントロール」が 邪魔になっていませんか?

普段からよく使う「コントロールセンター」ですが、もしかして中央の一等地が「ホームコントロール」に占領されていませんか? これは「ホーム」アプリの各機能にアクセスできるボタンですが、特に対応アクセサリなどを設定していない場合、中央部分の巨大なスペースを単に埋めるだけの邪魔なボタンになってしまいます。不要な人は、「設定」アプリでオフにしましょう。

コントロールセンター中央の「ホームコントロール」は、「設定」アプリの「コントロールセンター」で「ホームコントロールを表示」をオフで消せます

043 「メッセージ」でやり取りした 時間を確認する方法

「メッセージ」アプリでは、メッセージの着信時間／送信時間を確認したくても、そのままではやり取りを開始した時間しか確認できません。でも、実は隠れているだけで、ちゃんと個別のメッセージの着信と送信の時間を確認できるんです。

やり方は簡単で、メッセージの画面を左方向にドラッグするだけ。すると、右側に隠れていた着信時間／送信時間が現れます。

メッセージのスレッドを表示して、画面全体を左方向にドラッグすると、各吹き出しの右側に着信時間が表示されます。指を離すと元に戻ります

044

海外のWebサイトは
日本語でスラスラ読もう！

「海外の通販サイトで買い物をしたいけど外国語がわからなくて……」とあきらめている人に活用してほしいのが、Safariの翻訳機能。元のページのレイアウトを保ったまま丸ごと日本語に翻訳してくれる上、リンク先のペー

ジもどんどん日本語化してくれます。英語のほか、中国語や韓国語、フランス語、ドイツ語、イタリア語などにも対応しています。言語を追加したいときは、「設定」アプリの「一般」にある「言語と地域」で行えますよ。

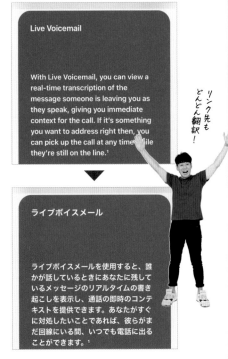

リンク先もどんどん翻訳！

1 翻訳したいページで「ぁあ」をタップし、メニューから「日本語に翻訳」を選択。なお、複数の言語を設定している場合は「Webサイトを翻訳 ...」という表示になります

2 試しに米国アップルのiOS 17の機能紹介ページを翻訳してみました。変換はすぐに行われます。このページだけでなく、リンク先も日本語に翻訳されていくのが便利です

大切な人をVIPに登録して
重要メールを見落とさない

　同じメールアドレスを長く使い続けていると、利用したオンラインショップからの広告や、日々届くメールマガジン、SNSからの通知、フィルタをすり抜けた迷惑メールなど、さまざまなメールが大量に届くようになります。

これでは、本当に必要とするメールを見落としかねません。そこでオススメしたいのが、仕事でやり取りする取引先や大切な友だちなど、重要な相手を「VIP」に登録する方法です。

　VIPに登録した人からのメールは自

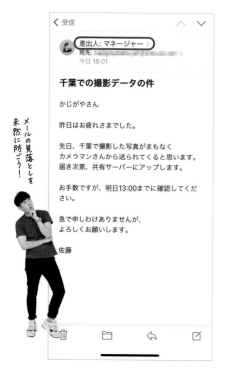

1 「メール」アプリでVIPに登録する人から届いたメールを開き、差出人の名前かアイコンをタップ。差出人の名前が青色のリンクに切り替わったら、再度タップします

2 連絡先情報が表示されるので、下のほうにある「VIPに追加」をタップして、「完了」をタップします。なお、VIP扱いを解除する場合は、同じ画面で「VIPから削除」をタップします

動的に「VIP」フォルダに入るので、日ごろからVIPフォルダだけはしっかりチェックしておけば、大切なメールを見落としてしまうミスを防げるでしょう。これでメールチェックの手間が劇的にラクになりますよ!

MEMO

メール着信音もVIP専用に変更

VIPからのメールは、通知の表示や着信音をほかのメールと異なる設定にすることが可能です。VIPリストを表示して、その下にある「VIP通知」をタップして設定しましょう。

3 メールボックス一覧で「VIP」をタップしてみましょう。VIPに登録済みの相手から届いたメールだけをまとめて確認できます。複数登録している場合は、まとめて表示されます

4 メールボックス一覧画面で「VIP」の右側にある①をタップすると、VIPリストが表示されます。ここでVIPの追加や削除(「編集」または左方向にスワイプ)が行えます

046

写真を長押しするだけで
何でも簡単に切り抜き！

「写真」アプリには、写真に写っている人やモノを周囲から自動的に切り抜ける機能が搭載されています。切り抜いた被写体は素材としてクリップボードにコピーしたり、ほかのアプリで共有したり、「メッセージ」のステッカー

として使ったりできます（P.44参照）。

スゴいのはそのやり方！ 人物やペット、建物など、写真内の中心の被写体を長押しして輪郭が白く光るエフェクトが表示されたら、あっという間に切り抜き完了！ 指を離すと上に

1 写真アプリで切り抜きたい写真を開いたら、メインとなっている被写体を長押しします。すると、スキャンをするようなエフェクトが現れるので、いったん指を離します

2 周囲が少し暗くなり、切り抜いた被写体が浮き出て見えます。切り抜いた輪郭に沿ってエフェクトが表示されるので、確認しましょう。メニューで「コピー」か「共有...」を選びます

現れるメニューで共有やコピーが可能です。また、白く光ったあとそのままドラッグすれば、ほかのアプリに切り替えてペーストするといった使い方もできます。本来はとても手間のかかる作業ですが、一瞬でできちゃいます！

MEMO

Safariやメッセージでも写真を切り抜ける

切り抜きは、Safariや「メッセージ」アプリで開いた画像でも可能です。Safariの場合は、画像を長押ししたメニューから「被写体をコピー」を選ぶことで、ほかのアプリなどにペーストできるようになります。

ドラッグ

3 指を離さずにそのままドラッグすると切り抜いた部分のみを移動することができます。このままほかのアプリを開いて貼り付けたりと、直感的に操作できます

コラージュも超カンタンに作れるんです！

4 2で切り抜いた写真をコピーして、「メモ」アプリに貼り付けました。細部までかなりの精度で切り抜かれています。これを自動でやってくれるなんてスゴいですよね！

047 スクショをライブラリに残さず メールなどで送信する方法

現在のiPhoneの画面を人に伝えたいとき、スクリーンショットを撮ってメールやLINEなどで送ると便利です。でも、それを繰り返していると無駄なスクリーンショットが写真ライブラリにどんどんたまってしまいます。

そこでオススメしたいのが、撮影したスクリーンショットをクリップボードにコピーして、画像自体は削除する「コピーして削除」。画像は「最近削除した項目」に入るのでライブラリには残らず、30日後に削除されます。

1 サイドボタン＋音量を上げるボタン（ホームボタンとサイドボタン）を同時に押してスクリーンショットを撮り、画面左下のサムネールをタップ。左上の「完了」をタップします

2 メニューが開くので、「コピーして削除」を選ぶと、スクリーンショットがクリップボードにコピーされ、画像は「最近削除した項目」に入ります。30日以内であれば取り出せます

048 iPhoneカメラでより映える 写真を撮るテクニック

iPhone 15シリーズでカメラはすべて4800万画素になり、一段とキレイな写真が撮れるようになりました。さらに撮影時、ほんのひと手間加えれば、もっと美しい写真が撮影できます。オススメの基本テクニックは「明るさの調整」と「AE/AFロック」。AE/AFロックとは明るさとピントを固定する機能で、例えば、こちらに向かって動いているモノを待ち構えて撮りたいときなどに有効です。コツをつかめば、簡単ですよ！

1 「カメラ」アプリでメインの被写体をフレームに入れてタップすると、被写体に焦点が合い、被写体や周囲に合わせて明るさが調整されます。このサンプルでは少し暗い印象です

2 画面を上下にスワイプすると、黄色い枠の横の太陽のアイコンが上下に動き、明るさが調整できます。明るさを見ながら調整し、最適な明るさでシャッターを切ります

これだけで撮影がレベルアップ！

3 フォーカスを合わせたい場所を画面上で長押しすると「AE/AFロック」がオンになります。その状態で構図を変えても長押ししたときのフォーカスと明るさが維持されるので、狙った構図で撮影できます。ただし、iPhoneが前後に動くとピントがズレてしまうので要注意。再度タップすると解除されます

049 写真に埋め込まれた情報を サッと確認する方法

iPhoneで撮影された写真や動画には、撮影日時や位置情報（撮影地）、カメラの機種名やレンズ、撮影時の設定などの各種情報が「EXIF（イグジフ）」と呼ばれるデータに記録されています。「写真」アプリで写真を開いた状態で画面を上方向にスワイプすると、EXIFに記録されているカメラの機種名やレンズの明るさ、シャッター速度やISO感度などの情報と、地図上で撮影場所も確認できます。撮影したときのiPhoneの機種や撮影地がひと

1 「写真」アプリでEXIF情報を見るには、まず情報を見たい写真を開いておきます。次に画面下部の①をタップするか、画面下から上方向にスワイプします

2 写真の情報が表示されます。iPhone以外のカメラの情報も見えます。キャプションの追加や日付の変更もこの画面で行えます。ここでは「位置情報を追加...」をタップします

目でわかるので、思い出の写真をより楽しめます。また、古いデジカメ写真に位置情報を追加することや、キャプションを設定することもできるので、カメラロール内の写真を検索しやすくするのに便利です！

MEMO

変更したEXIFを元に戻す

EXIFの撮影日時や場所を変更すると、その写真は「調整」を開いたときに「元に戻す」と赤文字で表示され、タップすると元の場所や日時に戻ります。なお、他人に渡すと元のEXIFはわからなくなります。

便利！
地図で確認できるのは

3 「位置情報を調整」画面が表示されたら、場所の名前や住所を入力して検索し、検索結果から目的の場所をタップして選択します。場所は「新宿区」など大まかでも構いません

4 **3**の画面で選択した場所が写真の位置情報として追加され、地図が表示されます。地図の下に表示される「調整」をタップすると、場所の修正や削除も可能です

050 4K動画を撮る前に
解像度とフレームレートを確認

iPhone 8/8 Plus以降の機種では、4K／60fpsという高画質で動画撮影が可能ですが、標準の設定のままだと1080p HD／30fpsという一般的な解像度の映像になってしまいます。そこで、4K動画を撮る前にビデオの画質を確認しましょう。

「カメラ」アプリで撮影する際、「ビデオ」モードに切り替えたら、右上の「HD・30」などと書かれた部分をタップすると、解像度とフレームレートをそれぞれ切り替えられます。

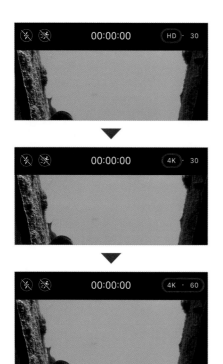

解像度が高いほど容量を使うので要注意！

1 解像度とフレームレートは、「カメラ」アプリ上で変更します。撮影モードを「ビデオ」にすると、右上に数値が表示されるので、それぞれをタップしてモードを切り替えます

2 「設定」アプリの「カメラ」➡「ビデオ撮影」では、デフォルトの設定を変更できます。データサイズの目安もここで確認できます。なお、720pの解像度はこの画面からのみ選択可能です

051

写真を撮っている最中に
そのまま**動画を撮る方法**

カメラの「写真」モードで撮影中に動画を撮りたくなったら、わざわざ撮影モードを切り替える必要はありません。シャッターボタンを長押しすることで、そこから指を離すまでの間、動画を撮影できます。動画を撮り続けた

いときは、指をそのまま右方向にドラッグしてロックすれば、指を離しても撮影を継続できます。また、写真モードでシャッターボタンを左にドラッグすると「バースト（連写）」撮影が可能です。iPhone XS以降で有効です。

写真モードでバースト撮影

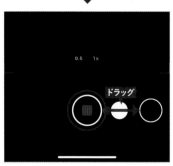

「写真」モードのときに、シャッターを長押しし続けると動画撮影が始まり、離すと停止します。動画を撮り続ける場合は、シャッターボタンを右にドラッグして輪の中に入れます

「写真」モードで連写

「写真」モードでシャッターボタンを左にドラッグすると連写が始まり、指を離すと止まります。自動でベストショットが表示されますが、あとから自分で選ぶこともできます

052

動画を撮影しながら
写真を無音で撮るテクニック

　動画を撮影していて「今のこの瞬間を写真にも撮ってSNSでシェアしたい」と思ったら、動画を撮りながら写真を撮れちゃうワザを使いましょう。

　「ビデオ」モードで撮影を開始すると、画面に白いシャッターボタンが表示されるので、これをタップします。すると、動画とは別に写真が保存されます。その際、シャッター音が鳴らないので、レストランなど静かに撮影したい場面で役立つテクニックとして覚えておくといいかも！

1 動画を撮影中、画面の隅に表示される白い円形のシャッターボタンをタップすると、ビデオと同じ画角の静止画が同時に撮影できます。シャッター音は鳴りませんが、ちゃんと撮れています

動画撮影をしながら連続写真もゲット！

2 ビデオ撮影中に撮影した静止画です。実際には、動画から切り出した画像に相当するため、画質は動画撮影時の解像度となります。例えば、4Kで動画撮影した場合の解像度は3840×2160ピクセル（約830万画素）になります

053
気になる**バッテリー残量**は パーセント（%）で詳しく表示

　外出先などでナビ代わりにiPhoneを使ったり、SNSの投稿などを繰り返していると、バッテリーが酷使され、残量が気になります。しかし、画面右上のバッテリーアイコンを見ただけでは、大ざっぱな残量しか確認できませ

ん。コントロールセンターを出せば確認できますが、画面操作が必要です。

　そこで設定を変えて、バッテリー残量をパーセント（%）で表示させましょう。これでいつでもバッテリー残量が正確にわかるようになります。

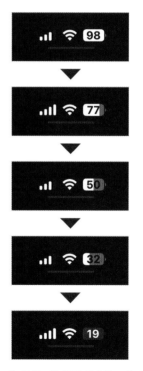

1 「設定」アプリの「バッテリー」を開いて、「バッテリー残量(%)」をオンにすると、画面右上のバッテリーアイコンの中にバッテリー残量がパーセントで表示されます

2 バッテリーアイコンの上に、バッテリーの残量のパーセントが重なって表示されるようになりました。なお、コントロールセンターでは、アイコンの左にパーセント表示されます

054 バッテリーを節約するための 定番テクニック

iPhoneのバッテリーの性能はかなりよくなりましたが、外出先などではバッテリー残量への不安が相変わらずあります。そこで、iPhoneの電力消費を少しでも抑えてバッテリーを節約するための定番テクを紹介しましょう。

なお、使用中の消費電力を抑えるには、画面の輝度を下げるのが効果的。また、ロック画面では画面を下にして置くと、画面が消えて省電力です。これは、常時表示ディスプレイ対応のiPhone 14 Pro／15 Proでも有効です。

「省データモード」を利用する

バックグラウンド更新をオフ

データ通信量を抑える「省データモード」は、バッテリー節約にも有効。モバイル通信で有効にすれば外出時の省電力につながります。「設定」アプリの「モバイル通信」➡「通信のオプション」➡「データモード」で「省データモード」を選択します

アプリの中には、使っていないときでも自動更新するものがあります。データ更新の必要がないアプリは、「設定」アプリの「一般」➡「アプリのバックグラウンド更新」で更新をオフにしておきましょう

バッテリー大ピンチ！！

MEMO

ピンチのときは「低電力モード」をオンに

すぐに充電できない状況でバッテリー残量がいよいよヤバくなってきたら、「低電力モード」をオンにして節電しましょう。「設定」アプリの「バッテリー」で設定できますが、コントロールセンターに追加しておくと、オン／オフを素早く切り替えられます。いくつかの機能に制限がかかるので、最後の手段です。

ディスプレイの設定を見直す

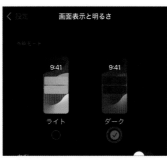

「設定」アプリの「画面表示と明るさ」で「ダーク」モードに切り替える、「自動ロック」までの時間を短縮する、「True Tone」と「手前に傾けてスリープ解除」のオフにする──といったことでも節電効果が期待できます

「充電の最適化」で「上限80%」

バッテリー寿命を長持ちさせるための設定も重要です。iPhone 15シリーズでは、「設定」アプリの「バッテリー」➡「バッテリーの状態と充電」で、「充電の最適化」のほか、充電を「上限80%」に抑えて耐用年数を延ばすことができます

055 誰もが使えるiCloudで 日々のデータを丸ごと管理

iCloudは、iPhoneやiPad、Macなどのデータをクラウド（アップルのサーバー）上で管理できるサービスで、iPhoneユーザーなら誰でも無料で利用できます。バックアップ用のクラウドストレージを始め、メールやメッセージのやり取り、写真、各種設定、パスワードなどのデータを、ユーザーが意識しなくても自動的に保存してくれます。そのため、機種変更時はもちろん、万が一iPhoneを紛失したり盗難されたりした場合でも、大切なデータ

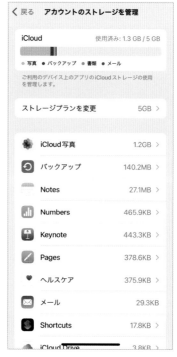

1 「設定」アプリを開いて、上部にある自分の名前➡「iCloud」で、iCloudの利用状況が確認できます。この画面で「アカウントのストレージを管理」をタップしてみましょう

2 「アカウントのストレージを管理」画面には、iCloudストレージの消費量が多い順にアプリが並んでいます。各アプリをタップすると、詳細確認やデータの削除などができます

を新しいiPhoneに簡単に戻すことができるのです（P.58参照）。

　ただし、無料で使える容量は5 GBと少なく、写真アプリで「iCloud写真」などを利用していると、写真や動画などですぐにいっぱいになってしまいます。そんなときは、有料のサブスクリプションサービス「iCloud+」にアップグレードすることで、容量を最大12TBまで増やすことが可能です。なお、「メールを非公開」も利用できるようになりますよ（P.140参照）。

自分のiPhoneの使用容量を目安に！

3 ❷の画面で「ストレージプランを変更」をタップすると、ストレージ容量を追加する「iCloud+」へのアップグレードができます。価格は追加する容量によって異なります

4 各アプリのデータが保存されるiCloud Driveへは、「ファイル」アプリでアクセスします。ここに保存したデータは、iPadやMacからもアクセス可能で簡単にファイル共有できます

時間と場所でリマインドして「うっかり忘れ」を防ごう

「リマインダー」は、うっかり忘れがちな作業や予定を登録しておくと、通知で知らせてくれる便利機能です。実はこのアプリ、「日時」だけでなく「場所」を条件に登録できます。例えば、帰宅途中にスーパーで買い物をしなければならないとき、最寄駅に着いたタイミングで通知を受け取るように設定しておけば、忘れずに買い物ができるというわけです。それでも心配な人は、時間と場所を組み合わせてダブルで通知するように設定すれば完璧！

1 「リマインダー」アプリで、新しいタスクを作成します。作成したタスクをタップで選択し、クイックツールバーのカレンダーアイコンに続いて「今日」をタップします

2 同じ画面で、今度は位置情報アイコン➡「カスタム」をタップして場所を指定します。タスク項目の右側にある⒤をタップすると、通知や場所などを詳細に設定できます

MEMO

登録した場所に着いたのに通知されないときは

リマインダーで指定した場所で通知が届かない場合は、「設定」アプリの「プライバシーとセキュリティ」➡「位置情報サービス」➡「リマインダー」を開いて、「このアプリの使用中」を選び、「正確な位置情報」がオンになっているか確認しましょう。

最寄り駅に着いたら知らせてくれる！

3 画面が切り替わったら、通知させる場所を検索し、検索結果から目的の場所を選択します。地図上のタブで通知させるタイミングを「到着時」または「出発時」から選びます

4 通知する場所の範囲は、ドラッグで調整できます。なお、「到着時」はマップで指定したエリアに入ったタイミング、「出発時」は指定したエリアから出たタイミングで通知されます

長年の夢かなう？
Apple Storeの先頭に並びました!

　ボクは今まで新型iPhoneの発売のたびに、発売日に機種変更をしてきました。iPhone 6発売時には、先頭を狙ってApple Store銀座（当時）に10日前から並びましたが、それでも7番目でした。今回iPhone 15 Proを買うためApple表参道に開店2時間前に並んだのですが、何と先頭をゲットしました! 実は特に先頭を狙っていたわけではなかったのでちょっと拍子抜けだったのですが、こうして全国のiPhone 15発売のニュース映像に先頭で入店していくボクの姿が映し出されることになったのです（笑）。

　実は、ボクより先に来ていた方はいたのですが、初日のiPhone購入は予約が必須。皆さん予約なしだったので、朝8時の予約をしていた人たちの間だけの競争だったんです。インターネット上にニュース映像が多数残っていますので、お時間のある方は確認してみてください（笑）。

先頭で入店した記念に、Apple 表参道のスタッフの方々から似顔絵イラストをいただきました!

見えないところでしっかり進化しているのが、iPhoneの
スゴいところ。ここで紹介しているオススメのワザも、
実はアップデートされています。iOS 17でも定番テク
ニックは活躍してくれます！

Chapter

定番ワザは押さえておこう！
iPhone芸人イチオシテクニック

057 「シネマティックモード」で
📷 映画のような映像を手軽に撮影

前景と背景をうまくぼかしてメインの被写体をハッキリと映し出す「シネマティックモード」。映画のような美しい映像が手軽に撮影できるので、普段使いにもオススメです。ぼかし加工が施されて元には戻せないイメージが

あるかもしれませんが、このフォーカスの位置やボケ方はあとから調整できるんです。そんなシネマティックモードは、iPhone 13以降の機種で利用できます。ここでは、基本のテクニックを伝授しましょう。

シネマティックモードでは、人物の顔を認識すると自動的にフォーカスが合います。別の場所をタップするとフォーカスが移動し、長押しすると「AFロック」になり焦点が固定されます。フォーカス部分を再度タップすると「AFトラッキングロック」となって、フレーム内に被写体が入っている限りフォーカスを合わせ続けます

AFトラッキングロックにすると、被写体が動き回っても、自動でフォーカスが追い続けます。前後の動きにも追随してくれるので、雰囲気のある人物映像を撮るのにピッタリです。VLOGなどでもオススメ！

普通に撮るだけでも
雰囲気が変わります！

MEMO

撮影したあとに
AFトラッキングロック

シネマティックモードで撮影した映像は、編集の際にある程度自由にフォーカスの位置を変更できます。編集時に被写体をダブルタップすると、「AFトラッキングロック」も有効になるので、撮影後に主役の交代も可能です。

1 撮影後のフォーカス変更は「写真」アプリの「編集」で行います。タイムラインの下にはフォーカスが移った場面に黄色い丸印が、画面上には黄色い枠でフォーカスの場所が示されます

2 フォーカスを合わせたい場所をタップすると、フォーカスが移動して、タイムライン下に黄色い丸印が追加されます。丸印を選んでゴミ箱アイコンをタップするとフォーカスの移動が消えます

058 「画像を調べる」を使えば アルバムが百科事典になる

散歩中に目に留まった植物や昆虫などの名前を調べるとき、どうしていますか？ 以前は特徴などを入力してWeb検索していましたが、iPhoneの「画像を調べる」を使えば、自分で撮影した花や動物、名所などの写真から情報を調べることができます。気になったら、とりあえず撮影しておきましょう。

さらに、iOS 17では動画に映り込んだものも調べられるようになりました！「写真」アプリに保存された動画を再生し、調べたいものが映っている

画像から調べる

1 植物や動物の画像を「写真」アプリで開くと、画面下部の情報ボタンに星のマークが表示されます。これをタップするか画面を上方向にスワイプし、「調べる：○○」をタップします

2 インターネットで検索された情報が「Siriの知識」として表示されます。項目をタップすると、情報元のWebページの要約文を読むことができます

110

MEMO

**Safariで表示中の
画像も調べます**

「画像を調べる」機能は、
「写真」アプリのほかに
「Safari」でも使えます。
Safariでは、調べたい画
像を長押しし、表示され
たメニューから「調べる」
をタップします。「調べる」
が表示されないときは、
あきらめて検索しましょう。

ところで一時停止するのがポイント。
写真と同じように①に星のマークが付
いたら、iPhoneが情報を見つけた印で
す。この機能を使うといちいちWebブ
ラウザで検索する必要がないので、と
ても便利ですよ。

動画から調べる

は虫類や
ランドマークも！

1 動画を再生し、調べたい対象物が映って
いる箇所で一時停止します。情報ボタン
に星マークが付いたらタップします。調べる対象
によって変わるアイコンにも注目！

2 「調べる：○○」をタップすると、検索の
結果が表示されます。写真で調べるとき
と同様に、検索結果をタップすると、Webページ
の要約文が表示されます

059 あとで読みたいWebページは 保存してじっくり閲覧

Webサイトを見ている最中に、興味深い情報を発見して読み始めるも、すぐに読み終える気がしない。そんなとき、メモ代わりにスクリーンショットを撮るのもひとつの方法ですが、ものすごく長いWebページだと、簡単には

いきません。そこで、Webページを丸ごとファイルに保存しましょう。

まずはいつもどおりスクリーンショットを撮ります。左下のサムネールをタップして編集画面が表示されたら、画面上部の「フルページ」タブをタッ

1 Webページでスクリーンショットを撮ったら、表示される左下のサムネールをタップします。サムネールは時間が経つと消えてしまうので速やかに操作しましょう

2 続いて編集画面が開きます。ここで、画面上部の「フルページ」をタップすると、今まで隠れていたページ全体の長いサムネールが右側に表示されます

プします。画面右側にWebページ全体のサムネールが表示されたことを確認したら、「完了」をタップして画像ファイルまたはPDFファイルとして保存します。ファイルとして保存しておけば、あとからじっくり読めますよ。

MEMO

リーダー表示で必要な記事だけを保存

Webサイトによっては、ページ内の関連記事へのリンクや広告などもいっしょに保存されてしまいます。リーダー表示に対応しているWebページでは、リーダー表示にした状態でスクリーンショットを撮ると、記事の部分だけを保存できます。

ページを読み込んでから保存しよう！

3 左上の「完了」をタップしてメニューを開き、画像で保存する場合は「"写真"に保存」、PDFで保存するなら「PDFを"ファイル"に保存」をタップします

4 ファイルとして保存したWebページです。とんでもなく長いですね（分割して掲載しています）。読みづらい場合は、ピンチアウトで拡大して読みましょう

060 意外に知らない？
Webページ内を検索する方法

Safariで調べものをするとき、キーワードでWeb検索して、ヒットしたページを開きます。では、そのページ内にあるキーワードを探すには、どうしたらいいのでしょうか？──いまだによく聞かれる質問です。

ページが開いている状態で、検索窓にキーワードを入力し、開いた画面の下のほうにある「このページ」以下の「"○○"を検索」をタップします。すると、Webページ内のキーワードをハイライト表示してくれますよ。

ページ内も検索窓でOK！

1 ページを開いて検索窓にキーワードを入力。開いた画面で「このページ」の下にある「"○○"を検索」をタップします。共有メニューの「ページを検索」でも同じことができます

2 ページ内で見つかったキーワード（ここでは"iPhone"）がハイライト表示されます。キーワードが複数ある場合は、矢印キーで移動できます。また、キーワードの再編集も可能です

061 重要なメールのチェックは「フラグ」と「フィルタ」で万全！

打ち合わせの日時や場所など、あとで確認したいメールってありますよね。ボクの場合、仕事でもプライベートでも、重要なメールには「フラグ（旗）」を付けるようにしています。フラグを付けたメールは専用の「フラグ付き」フォルダでも確認できますが、もっと便利な機能が「フィルタ」です。フィルタ機能を使えば、フラグ付きのメールだけを簡単に表示できるので、大切なメールをうっかり忘れるなんてことをスマートに防げます！

1 メールボックスで対象のメールを左方向にスワイプし、メニューから「フラグ」を選択。開いているメールでは、右下の矢印アイコンをタップして「フラグ」を選べばOKです

2 左下の「フィルタ」アイコンをタップしてフィルタをオンにします。「適用中のフィルタ」が「未開封」の場合は、タップして「フィルタ付き」に変更します（P.188参照）

062 「ちょっと待った!」と メールの送信を取り消す方法

　書類を添付し忘れたり、書きかけで送信してしまったり、メールの間違いに気付くのは、なぜか送信直後が多いんですよね。そんな失敗を繰り返さないために、「送信を取り消すまでの時間」を設定しておきましょう。

　この設定をしておくと、「メール」アプリで送信ボタンを押した直後であれば、送信を止めることができるんです。送信後に表示される「送信を取り消す」をタップすればOK。これでもう訂正メールの送信は不要です!

引用のマークを増やす	オン >
返信に添付ファイルを含める	受信者を追… >
リンクのプレビューを追加	⬤
署名	iPhone から送信 >
送信	
送信を取り消すまでの時間	オフ >

▼

‹ メール	送信を取り消すまでの時間
オフ	
10秒	
20秒	
30秒	✓

経験上、30秒は必要です…

キャンセル
旅行の写真 ⬆
宛先: かじがやたくお ⊕
Cc/Bcc、差出人: ＿＿＿＿@icloud.com
件名: 旅行の写真
先日はどうも!
みんなで撮った写真送りますね。
ボクは、また目を瞑ってしまった（笑）

🗑 ゴミ箱 >
🗄 アーカイブ 12 >

↩ 送信を取り消す ✏

1 「設定」アプリの「メール」で、一番下にある「送信を取り消すまでの時間」をタップします。すると時間の設定画面が開くので、10秒／20秒／30秒から選びます

2 メールを書いて右上の送信ボタンをタップ。その後、設定した時間内であれば、メールボックス一覧かメール一覧の下部の「送信を取り消す」をタップすると、編集画面に戻ります

063 誤送信したメッセージは 編集や取り消しができる！

iPhoneやiPadなど、アップル製デバイス間でやり取りできるiMessageでは、送信メッセージを15分以内なら5回まで編集可能、2分以内なら送信を取り消せるって知ってましたか？

ただし、編集履歴は参照可能で、送信を取り消した場合もその旨が表示されるので、完全に「なかったこと」にはできません。また、相手のデバイスがiOS 16、iPadOS 16、macOS 13より前のOSの場合は、元のメッセージが残ることも頭に入れておきましょう。

1 送信後15分以内なら吹き出しを長押しして、メニューで「編集」をタップすると内容を編集できます。また、2分以内なら「送信を取り消す」をタップして送信を取り消せます

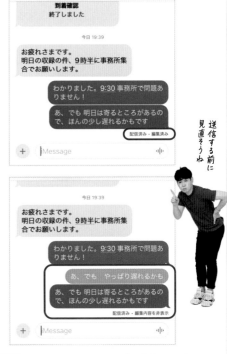

送信する前に見直そうね

2 編集したメッセージには「編集済み」と表示されます。この部分をタップすると編集前の履歴を参照できます。これらは、送信先の相手からも見えることに留意しましょう

064
既読を付けずにLINEを見る
定番テクニックを検証!

みんな気になる「既読を付けずにLINEを見る方法」。iOS 17と最新アプリでチェックしてみました。

①**通知でチェック**：ロック画面や通知センターでプレビューを確認します。「設定」アプリの「通知」➡「LINE」➡「プレビューを表示」を「ロックされていない時（デフォルト）」に。さらに「LINE」アプリの「設定」の「通知」➡「メッセージ内容を表示」をオンで、通知の長押しで確認します。ただし、とても長いメッセージは途中で切れてしまいます。

②**横向きで確認**：トーク一覧の画面でiPhoneを横向きにすると、表示量が少し増えます。手軽で安全ですが、直近のメッセージの一部のみ。

③**一覧で長押し**：トーク一覧で長押しすると、プレビュー画面が開きます。ただし、スクロールできず、誤って再度指が触れてしまうと既読になるので、注意が必要です。

④**機内モードで閲覧**：機内モードで閲覧後、そのまま新規で届いたメッセージをすべて削除し、マルチタスキング画面でアプリを強制終了。メッセージが届くたびにこれを繰り返せば、既読は付きません。ただし、一度既読を付けるとすべて既読になります。メッセージを削除し忘れると、アプリを起動した瞬間に既読になります。

①　通知でプレビュー表示するようにしておけば、長押しで通知に出ているメッセージを個別に確認できます。「サムネイルを表示」をオンでスタンプもチェック可能。ただし、とても長いメッセージの場合、スクロールできないので途中で切れてしまいます

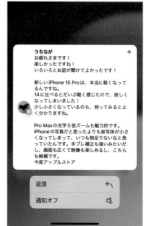

② トーク一覧の画面で確認。「画面縦向きのロック」をオフにしてiPhoneを横向きにすると、表示される文字数が少し増えます。手軽で失敗がないですが、直近のメッセージの一部しか見えません

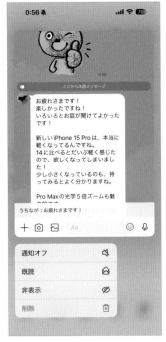

③ トーク一覧で対象の友だちを長押しすると、プレビューが開きます。スタンプも確認できますが、スクロールできないため、未読が多いと直近のメッセージが見られません。再度指が触れると既読が付くので注意！

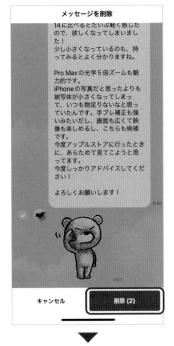

こっそりメッセージを見る方法です！

④ アプリを起動したあとで機内モードにすれば、すべて閲覧できます。確認後、新規で届いたメッセージは全部削除してアプリを強制終了すること。ただ、そのあとこちらがメッセージを送っても前のメッセージに既読が付かないので、相手には不思議な状態に見えます。また、一度でも既読を付けると、全部に既読が付きます。なお、ほかの友だちとやり取りしても既読は付きません

LINEでブロックされたかも！
コッソリ確認してみましょう

LINEのやり取りの悩みとしてたまに聞くのが「もしかしてブロックされたかも……？」という相談です。そんなときボクは、「試しにスタンプをプレゼントしようとしてみてください」というアドバイスをします。

ブロックされている相手に対してスタンプや「着せかえ」をLINEアプリ上でプレゼントしようとすると、LINEアプリは、「このスタンプを持っているためプレゼントできません」と、傷付けないように優しいウソをつくのです。

1 「LINE」アプリで相手が持っていない「スタンプ」を選んで「プレゼントする」をタップ。友だちを選んで「OK」をタップします。本来は確認画面に進みます。購入する必要はありません

2 その際「○○○はこのスタンプを持っているためプレゼントできません」と表示されたら、ブロックの可能性アリ。「着せかえ」などで再確認しましょう。なお、確認作業は伝わりません

066

なぜか気持ちが落ち着く 「バックグラウンドサウンド」

　周囲の雑音が気になって仕事や勉強に集中できない、逆に静かすぎて落ち着かない……そんなときに助けになりそうな機能が「バックグラウンドサウンド」です。「雨」や「せせらぎ」といった環境音のほか、3つのノイズが用意されています。「ブライトノイズ」は、赤ちゃんを寝かしつけるときにも効果があるようです。オフラインでも利用できるので、通信量を気にせず使えるのも◎。自分に心地いい音でリラックスするのもオススメです。

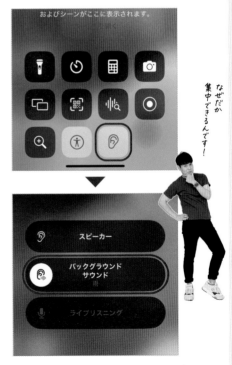

なぜだか集中できるんです！

1 「設定」アプリの「アクセシビリティ」➡「オーディオ/ビジュアル」➡「バックグラウンドサウンド」でサウンドを選べるほか、ロック中に停止するかどうかを選択できます

2 「バックグラウンドサウンド」のオン/オフは「コントロールセンター」の耳の形のアイコンでも行えます。サウンドの変更や音量の調節も可能です

「集中モードフィルタ」で
仕事の鬼になる!

　仕事中に調べ物をしようとして、うっかりSNSを見てしまったり、関係ないアプリを起動したりしていませんか? そんな弱い自分に喝を入れてくれるのが「集中モードフィルタ」です。

　例えば、仕事モードのときにプライベートなメールが来たとします。集中モードフィルタを設定した場合、このメールは単にミュートされるだけでなく、「メール」アプリを開いても存在しません。仕事モードを解除して、初めて存在に気付くことになるのです。

1 始めに「設定」アプリで「集中モード」をタップして「集中モード」の画面を開きます。次に、集中モードフィルタを設定するモード（ここでは「仕事」）を選択します

2 「仕事」集中モードの設定画面を「集中モードフィルタ」までスクロールして、「フィルタを追加」をタップします。なお、フィルタ以外の通知や画面設定は、ここで行います

このように、気が散る要因となるものをフィルタリングしておくことで、仕事やプライベートの時間により集中できるようにする「集中モードフィルタ」は、勉強中に気が散ってしまう人にもオススメの機能ですね。

MEMO

Appフィルタとシステムフィルタ

集中モードフィルタには、「メール」や「カレンダー」などのAppフィルタのほかに、システムフィルタがあります。システムフィルタでは、外観モードの切り替えや低電力モードのオン／オフを指定できます。

情報を遮断することもたまには必要！

3 フィルタを適用するアプリ（ここでは「メール」）をタップし、フィルタリングするメールアカウントを選択すると、そのアカウントの新着メールだけを読み込みます

4 集中モードの「仕事」がオンになると、指定外のメールボックスに集中モードアイコンが表示され、「全受信」メールボックスには指定したアカウントのメールのみ表示されます

068 「Apple Pay」で支払う メインカードを決めよう

キャッシュレスが当たり前になり、iPhoneでの支払いがメインになりました。サイドボタンを2度押してApple Payを起動。あとは端末でピッとやるだけ。もう財布を忘れても困りません。

でも、複数のカードを登録してると、支払い時に毎回 "そうじゃない" カードが現れたりしませんか? この現象が起きている人は、「ウォレット」アプリでよく使うカードをメインカードに設定しておけば、次回からスムーズな支払いができるようになりますよ。

スマートに支払いましょう!

1 「ウォレット」アプリを起動すると登録カードやチケットが表示されます。一番手前に見えるのがメインカードです。別のカードに変更したいときは、ドラッグして入れ替えます

2 メインカードが変更された旨が記載されたウインドウが開くので、「OK」をタップします。「設定」アプリの「ウォレットとApple Pay」➡「メインカード」でも設定を変更できます

124

069

海外の最新ニュースは
iPhoneが翻訳してくれます

いまや、世界中のあらゆる情報が一堂に会するインターネット。海外の最新ニュースが山のように流れていても、その言語が読めなくては意味がありません。そんなときは、迷わずiPhoneに翻訳してもらいましょう。英語だけで

なくフランス語や中国語など、さまざまな言語に対応していて助かります。

この機能は「テキスト認識表示」（P.192参照）でも利用できるので、文字列にカメラを向ければ、案内板やメニューなども翻訳してくれますよ。

1 テキストを範囲選択し、メニューから「翻訳」をタップします。「翻訳」が見つからない場合は、左右に移動してみましょう。この機能はテキストを扱うアプリであれば利用できます

2 指定した範囲が翻訳されました。この画面では翻訳文のコピーや言語の変更も可能。また、文章の読み上げや、そのまま「翻訳」アプリ（P.36参照）で開くこともできます

070

印刷物を写真に撮るなら「ファイル」アプリでスキャン

印刷したものを画像で送るときや、資料として保存しておきたいとき、「カメラ」アプリを起動していませんか？実は「ファイル」アプリを使ったほうが、圧倒的に便利できれいにスキャンできるんです。多少斜めになったり、ゆがんだりしていても、撮影後に形を補正してくれます。また、色補正もかかっており、通常の撮影よりも内容が見やすい仕上がりになります。

また、「自動」と「手動」があり、「自動」では書類を認識したら自動的にシャッ

1 「ファイル」アプリを起動して、右上のメニューから「書類をスキャン」をタップします。うまくスキャンするコツは、なるべく邪魔なものがないところに被写体を置くことです

2 書類が自動認識されます。多少斜めでも問題なしです。初期状態は右上が「自動」になっており、自動的に撮影されます。「手動」では、確認してシャッターボタンをタップします

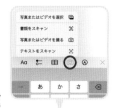

ターが切られて「スキャン保持」され
ます。スキャンする書類が多いとき
は、こちらが便利でしょう。iPhoneを
固定して、書類をどんどん差し替えな
がらスキャンできます。「手動」では、
撮影後に四隅の調整などが可能です。

MEMO

「メモ」アプリでも
スキャンは可能

書類などのスキャンは、「メモ」アプ
リのカメラのアイコンからでも可能
です。操作はほぼ同じですが、「メ
モ」アプリの場合は、そのままメモ
に貼り付けられます。

3 「手動」では、撮影後に範囲を微調整でき
ます。四隅をドラッグして調整しますが、
丸印の上ではなく、近くに指を置くのがコツで
す。OKなら「スキャンを保持」をタップします

4 左下のサムネールをタップし、必要があ
ればトリミングや色を調整して「完了」を
タップ。撮影画面に戻って右下の「保存」をタッ
プし、保存場所を指定して保存すれば完了です

「声を分離」を使って こちらの騒音を抑えて通話

　周囲が騒がしい環境で電話がかかってきたときは、「声を分離」を使いましょう。これは声と周囲の音を分離して、声を優先的に拾い、周囲の騒音を遮断する機能です。声はくっきり聞こえやすく、周囲の雑音は抑えて相手に伝わります。相手が騒がしい環境だったときにこの機能をオンにしてもらったら、声だけが聞こえるようになってスムーズに会話ができました。一方の「ワイドスペクトル」は周囲の音を拾うので、複数で話すときにも便利です。

こちら側の騒音を抑える機能です

1 呼び出し中か通話中にコントロールセンターを開きます。右上の「マイクモード」をタップします。なおマイクモードは、FaceTimeやZoom、LINE通話などでも有効です

2 メニューから「声を分離」をタップ。これで、周囲の騒音や他人の声が抑えられ、自分の声を優先的に拾います。なお、「ワイドスペクトル」は電話の通話では利用できません

072 コントロールセンターで 最適な音量に微調整する

静かな環境で音楽を再生したとき、最低音量でも少し音が大きいと感じることがありますよね。また、音量を微調整したいけど、ボタンで操作すると変動幅が大きく、ぴったりの音量にならない経験はありませんか？ そんな

ときはボタンではなく、コントロールセンターで調整しましょう。さらにオススメなのが、音量パネルを長押しして、拡大表示させて調整すること。音量ボタンでは調整できないような極小の音も出せるようになりますよ。

こだわりの音量に微調整！

1 音量を微調整したいときは、画面左上部から下にスワイプし、コントロールセンターで行います。ボタンでは17段階ですが、コントロールセンターでは無段階で調整できます

2 コントロールセンターの音量パネルを長押しすると拡大されるので、かなり細かな調整が可能です。極小の音にしておけば、寝ている人の隣でも音楽が聴けますよ

073 カメラの「ナイトモード」で

iPhoneをナイトスコープに!

「カメラ」アプリの「ナイトモード」は、明るさが足りないところで自動的に起動して、被写体を明るく撮影できる機能です。何も見えないような暗い場所でも、撮影時のプレビュー画面は明るく補正されます。これを利用すれば、ナイトスコープ（暗視鏡）のように、暗いところでも周囲を視認できます。ライトを付けられない場所で探し物をしたり、足元の状況を確認するといった用途に使えます。ナイトモードは、iPhone 11以降で利用可能です。

1 暗いところでカメラを起動すると「ナイトモード」に切り替わります。左上のナイトモードのアイコンをタップして機能をオフにしたところ、ほぼ何も見えません

2 「ナイトモード」をオンにすると、探していたUSBメモリーが見えました。ナイトモードのアイコンが表示されない場合は、画面上部の矢印をタップしてアイコンをタップします

074
指を差せば読み上げる 「拡大鏡」の新しいワザ

「拡大鏡」の「検出モード」には、人を検出してそこまでの距離を教えてくれたり、ドアを検出すればノブの形状や開け方を教えてくれたりする機能があります。iOS 17ではさらに、指を差した箇所の文字を読み上げてくれる機能が加わりました。視覚を補う機能であることはもちろんですが、iPhoneひとつで周囲の状況を読み取れる、ちょっと未来を感じる機能でもあります。なお、対応機種はiPhone 12 Pro〜15 Proです。

iPhoneのセンサーが指を検知します

1 「拡大鏡」アプリを起動し、右下の「検出」アイコンをタップして検出モードにします。「拡大鏡」アプリが見つからない場合は、ホーム画面で検索しましょう

2 「指差し読み上げ」アイコンをタップして、家電のボタンやラベルなどにカメラを向けて指さすと、文字の部分を読み上げます。「テキストの認識」のみで読み上げる設定も可能です

文字の太さや大きさも
読みやすく変更しよう

　iPhoneの文字は細身でおしゃれですが、普段から小さい文字に読みづらさを感じているなら、文字の大きさや太さをすべて変更しちゃいましょう。

　文字の表示は「設定」アプリの「画面表示と明るさ」で変更できます。文字の大きさだけならコントロールセンターに「テキストサイズ」を追加すれば、より手軽に変更できるようになります。なお、アプリごとに文字サイズを設定したい場合は「アクセシビリティ」の「Appごとの設定」で行えます。

1 「設定」アプリの「画面表示と明るさ」を開き、「文字を太くする」をオンにすると、文字が太くなります。文字サイズを大きくするには「テキストサイズを変更」をタップします

2 文字の大きさは画面下部のスライダーをドラッグして調整します。スライダーを左右に動かすとサンプルの文字サイズが変わります。サンプルを参考にサイズを決めましょう

076 「iPhoneストレージ」で 容量不足の原因を探れ!

iPhoneは毎日使うもの。そうすると、空き容量も日に日に減っていきます。中身を整理しようと思っても、どこから手を付けていいかわかりません。

そんなとき、頼りになるのが「iPhoneストレージ」です。これは、ストレージの状況を可視化し、削除すべきデータを提案してくれる機能です。アプリごとのストレージ使用量をサイズが大きい順に並べてくれるので、どのアプリがストレージを圧迫しているのかもわかります。

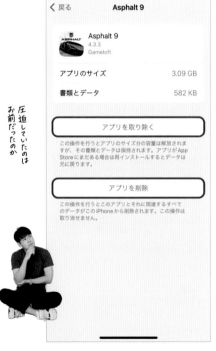

圧迫していたのはお前だったのか

1 「設定」アプリの「一般」➡「iPhoneストレージ」を開くと、ストレージの状況や容量を減らす提案が表示されます。ここでは「非使用のアプリを取り除く」という方法が提案されました

2 サイズ順に並べられた一覧でサイズの大きなアプリを確認し、残しておく必要がないものがあればタップします。次の画面で一時的に取り除くか、完全に削除することが可能です

100万枚の写真が保存可能！
無料で作れる「共有アルバム」

「共有アルバム」は、家族や友人など複数のユーザー同士で写真や動画を共有するアルバムです。いいね！やコメントでのやり取りもできるので、イベントや旅行の写真をシェアすれば、参加者みんなで楽しめる機能です。

この共有アルバム、楽しめるだけではありません。膨大な保存容量もポイントです。最大で200のアルバムの作成が可能で、それぞれ最大5000件もの写真や動画が保存できます。つまり、5000件×200アルバムで、最大100万

1 最初に「設定」アプリの「写真」で「共有アルバム」をオンにしておきます。次に「写真」アプリの「アルバム」で［＋］をタップし、「新規共有アルバム」を選択します

2 アルバムタイトルを入力して「次へ」をタップ。「宛先」に参加者の電話番号やメールアドレスを入力し、「作成」をタップします。「連絡先」に登録済みの参加者は名前を入力します

件のデータが保存できる計算です。しかも、iCloudストレージの消費量にはカウントされないので実質無料！

　ちなみに投稿は、1時間当たり1000件、1日当たり1万件までの制限がありますが、数に余裕があるので「制限」というほどではないですね。

　なお、保存した写真は長辺が2048ピクセルに縮小、動画の場合は最長15分、画質は最大720pとなるので、オリジナルデータは別途保存しておきましょう。

グループ旅行のあとのアルバム作りも楽しい！

3 アルバムが作成されたら、写真や動画を投稿していきます。参加者による写真の投稿も可能です。参加者の追加や削除、詳細設定は画面上の人型のアイコンから行います

4 アルバム内の写真や動画には、参加者がコメントや「いいね！」を追加できます。最大100人まで参加できるので、写真の配布などいろいろな用途で活用できそうですね

135

078

サムネールの表示変更で
写真が見つけやすくなる!

　見たい写真を探すとき、過去にさかのぼってスクロールし続けるのは、なかなか大変です。そこで、サムネールの表示を変えてみましょう。例えば、サムネール表示の画面をピンチインすると、1コマのサイズがどんどん小さくなります。内容は見えづらくなりますが、スクロール回数が減ります。また、「アスペクト比グリッド」表示にすると、サムネールが正方形から本来の縦横比に変わります。写真全体が見渡せるので、見つけやすくなりますよ。

1 サムネール表示画面でピンチインすると、写真が縮小され、1画面の表示数が増えます。「ライブラリ」の「すべての写真」でピンチインすると、月別、年別の区切りが表示されます

2 右上のメニューから「アスペクト比グリッド」を選ぶと、写真が本来の縦横比で表示されます。このメニューからは「お気に入り」の写真などの「フィルタ」も用意されています

079

横に倒せば本領発揮！
実は高機能な「計算機」

何かとお世話になることが多い「計算機」アプリ。一見シンプルなインターフェースですが、そのままiPhoneを横にしてみましょう。すると、あら不思議！ 高度な関数電卓に変身します。単に横向きになっただけでなく、メモリーや三角関数などの見慣れないキーが増えていることに気付くと思います。これは、理系の学生さんやボクのような税理士には、とても便利な機能なんです。横にすると表示できる桁数が増えるのもメリットですね。

「計算機」アプリを表示した状態でiPhoneを横向きにすると、さまざまなキーを備えた関数電卓になります。また、表示できるケタ数も増えるんです。なお、「画面縦向きのロック」がオンの状態では動作しません。関数電卓の使用時はコントロールセンターでオフにしましょう

MEMO

**計算機は
コピペにも対応してます！**

計算結果の数字を長押しすると、「コピー」や「ペースト」のメニューが表示され、コピー＆ペーストが可能です。なお、表示されている数字を横にスワイプすると1文字ずつ消せますよ。

計算機の本領発揮だ！

iPhoneが自分の声でしゃべる！
「パーソナルボイス」がスゴい！

　iOS 17で搭載された「パーソナルボイス」は、登録した自分の声でiPhoneが話すという、未来を感じさせる機能です。万が一声が出せない状態になっても、自分の代わりにiPhoneが話をしてくれるという、いわば声のバックアップという目的があります。

　使用するには「設定」アプリの「アクセシビリティ」にある「パーソナルボイス」で、声を登録します。ボクも実際に登録して使用してみました。現在は英語のみの対応なので、声を登録するために慣れない英語の文章を30分以上かけて読み上げ、さらに声の解析を10時間以上待つ必要がありました。「ライブスピーチ」をオンにして、「言語と地域」で優先言語を英語にすれば設定完了。サイドボタンをトリプルクリックしてライブスピーチを起動し、英文を入力して実行すると、自分の声でiPhoneが話します。英語をスラスラと読み上げる自分の声は初めて聞くし、新鮮な体験でした。YouTubeなどで自分の代わりに英語で話してもらうなど、さまざまな使い方がありそうです。日本語対応が楽しみです！

登録には150もの英文を読み上げる必要があり、時間がかかりますが、ぜひ試してみてほしい！ちなみに、時間のかかる声の登録は、中断／再開が可能です

テクノロジーがどんどん進化する世の中において、スマートフォンの存在はいよいよ大切なものになっています。防御・防衛テクニックで、皆さんのiPhoneもしっかり守ってください。

Chapter

大切な情報をしっかり守る！iPhone防御・防衛テクニック

080 「メールを非公開」で 本物のアドレスを隠して登録

iPhoneで新たにアプリやWebサービスを利用する際、メールアドレスを登録する場合がありますが、自分のアドレスを登録するのは気が進まないこともありますよね。ボクなんか、そういうときに使うための専用アドレスを作っていたぐらいです。でも、有料プラン「iCloud+」の機能「メールを非公開」で、この煩わしさから解放されました。これは、iCloudメールにひも付いたランダムなアドレスを生成する機能で、本物のアドレスを隠す覆面アド

「設定」アプリで作成

SPAM 対策などにも有効です

1 「メールを非公開」用アドレスの作成方法は、主に2つ。ひとつは、「設定」アプリの自分の名前➡「iCloud」➡「メールを非公開」で「新しいアドレスを作成する」をタップします

2 「○○○○@icloud.com」というアドレスが自動生成されます。「続ける」をタップしてラベルを付けて保存します。作り直したい場合は「別のアドレスを使用する」をタップします

レスとして利用できるんです。

　同様の機能は「Appleでサインイン」にも組み込まれていますが、「メールを非公開」で生成したアドレスは、Appleでサインインに非対応のサービスでも使用できます。

MEMO

アドレスはいつでも削除可能

生成したアドレスは、「Appleでサインイン」で生成されたアドレスと併せてiCloudの「メールを非公開」で管理します。サービスごとのアドレスの確認や削除、転送先の編集などができます。

アカウント登録時に作成

1 もうひとつは、Webサービスなどのアカウント登録画面で作成する方法です。メールアドレスの入力欄をタップし、キーボード上に表示される「メールを非公開」をタップします

2 ウィンドウが開いて、「○○○○@icloud.com」のアドレスが生成されます。リロードアイコンで作り直しも可能。「続ける」をタップし、続けて「使用」をタップして完了です

チームで運用するアカウントで
パスワードを安全に共有する

ボクは仕事柄、YouTubeチャンネルの『かじがや電器店』など公式アカウントをスタッフ全員で管理することが多いです。でも、アカウントごとにパスワードを共有するのは面倒な上に、メールなどでやり取りするのは、セキュリティー面で不安があります。

同じ悩みを持つ人は、iOS 17が助けてくれます。信頼できる連絡先との間で安全にパスワードを共有できるようになったんです。なお、グループ全員がiOS 17以降である必要があります。

信頼できる仲間と共有だ！

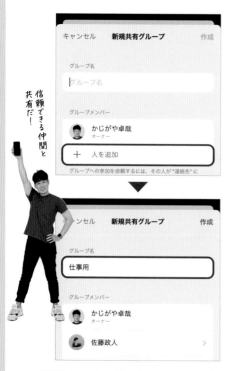

1 「設定」アプリの「パスワード」で、右上の［＋］から「新規共有グループ」を選び、「人を追加」をタップしてメンバーを追加。グループ名を入力して「作成」をタップします

2 共有するパスワードとパスキーを選択して「移動」をタップ。共有グループは「パスワード」の画面に表示されます。グループをタップして内容の編集・管理を行います

082 以前つないだWi-Fiのパスワードを確認する方法

Wi-Fiのパスワードは、たいていルーターの底面などに記載されてます。iPhoneに入力したあと、別の機器で同じパスワードを入力したいとき、またルーターをひっくり返して確認していませんか？ 実はiPhoneでは、接続中のWi-Fiや過去に接続したWi-Fiのパスワードを表示したりコピーしたりできるんです。地味だけど便利な機能ですよね。ちなみに、iPhone同士なら、近づけるだけでWi-Fiパスワードを共有できますよ！（P.177参照）

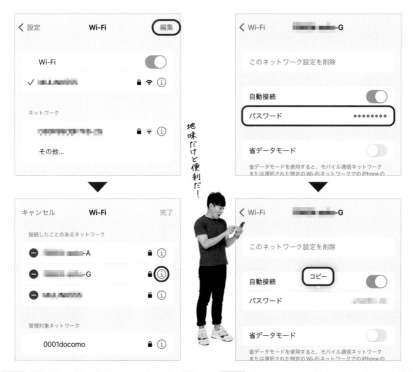

地味だけど便利だ！

1 「設定」アプリの「Wi-Fi」で、右上部の「編集」をタップ。認証後、これまで接続したことのあるアクセスポイントがリスト表示されるので、目的の項目の①をタップします

2 そのアクセスポイントのパスワードがドットで隠されています。この部分をタップするとパスワードが表示され、「コピー」を選ぶとクリップボードにコピーできます

ポケットに入れたまま
緊急電話を発信する方法

　突然やってくる「もしも」に備えて、覚えておきたいのが「緊急電話」のかけ方。iPhone 8以降では、サイドボタンと上下どちらかの音量調節ボタンを押し続けて「緊急電話」の画面を表示します。「緊急電話」スライダーをス

ワイプする余裕もないときは、そのままボタンを押し続けます。すると、カウントダウンが始まり警告音が鳴ります。日本では、その後に表示される「警察」「海上保安庁」などの選択肢から該当するものをタップします。

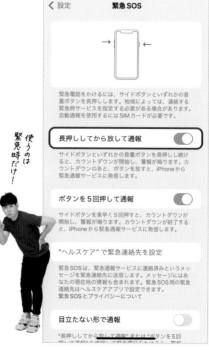

使うのは緊急時だけ！

1 サイドボタンといずれかの音量ボタンを押し続け（iPhone 7以前は電源ボタンを5回押し）、「緊急電話」スライダーが表示されたら指を離してスライダーをスワイプします。日本では、次の画面で発信先を選択して発信します

2 iPhone 8以降では、自動通報が設定できます。「設定」アプリの「緊急SOS」で、「長押ししてから放して通報」をオンにします。誤操作で警告音が鳴ってしまったら、カウントダウン中にボタンから指を離します

084 動作中のマイクやカメラを 忘れないように注意！

ミーティングの内容を記録しようと、録音したまま停止ボタンを押し忘れ……なんてことありませんか？ また、動画収録を忘れる人は少ないと思いますが、画面収録はなぜか忘れてしまいがち。そんな人は、マイクやカメラの使用時に点灯するインジケーターを確認しましょう。iPhoneの画面上部を注意して見るようにすれば、録音や録画の止め忘れ防止になるだけでなく、アプリが勝手にマイクやカメラを使用していても気が付けます。

カメラが起動すると緑色、マイクはオレンジ色のインジケーターがそれぞれ点灯します。また、画面収録中は左側に赤いランプが点灯します。この部分を注意して見てみましょう

インジケーター点灯中にコントロールセンターを開くと、どのアプリによるものか確認できます。またダイナミックアイランド対応アプリでは、収録停止の操作も可能です

085

増え続けるパスワードは

iCloudキーチェーンに任せる

アプリやWebサービス、SNSなど登録するたびに増えていくパスワード。正直、全部を覚えるのは無理な話です。そこでもう、パスワードの管理は「iCloudキーチェーン」に任せましょう。

この機能をオンにすると、iPhoneで入力したログイン情報をiCloudで管理します。そのため、iPhoneだけでなくiPadやMacなど、同じApple IDでサインインしているデバイス間で、パスワードやパスキーが共有できるんです。これで、何ケタもあるパスワード

1 「設定」アプリの上部の名前をタップ➡「iCloud」➡「パスワードとキーチェーン」を選択。iCloudパスワードとキーチェーンの画面で「このiPhoneを同期」をオンにします

2 ここでは例として、Googleのアカウントを作成、または未保存のアカウント情報を入力します。すると、iCloudキーチェーンへの保存を聞かれるので、保存します

だってガンガン使えます！

　なお、よく似た機能にSafariの「自動入力」があります。こちらは、あらかじめ設定しておけば自分の連絡先情報やクレジットカード情報が自動で入力できるようになります。

MEMO

保存したパスワードを確認するには

保存したパスワードは、「設定」アプリの「パスワード」で確認できます。内容を見るには、Face IDやiPhoneのパスコードによる認証が必要となります。

3 今度はGoogleのログイン画面でIDやパスワードの入力エリアをタップします。画面下部に表示されたIDの候補をタップしてFace IDなどで認証するとログインできます

Safariの自動入力は、「設定」アプリの「Safari」➡「自動入力」で自動入力させたい項目をオンにします。以降は、入力フォームなどに対応する情報が自動で入力されるようになります

086

簡単・安全なサインインを！
パスキーの時代がやってくる!?

　無限に増えるパスワード問題に一石を投じる機能、それが「パスキー」です。パスキーは、対応するアプリやWebサービスに、Face IDなどの生体認証を用いて簡単かつ安全にサインインする仕組みで、パスワードの入力は不要です。技術的な話は省略しますが、パスキーはアップル独自の技術ではなく、Googleやマイクロソフトも開発を進めている業界標準で、最近ではAmazonやdアカウントが対応するなど、今後パスワードに代わる機能

1 SafariでGoogleのパスキー作成画面（http://g.co/passkeys）にアクセスし、「パスキーを設定する」をタップ。本人確認後「Face IDを使用してサインインしますか？」と表示されたら「続ける」をタップします

2 パスキー設定後、Googleのログイン画面でユーザーID入力欄をタップして入力モードにします。画面下に表示される「（アカウント名）を使用」をタップすると、Face IDで認証してログイン完了です

として期待されます。

　そんなスゴいパスキーをオンにするには、対応サービス側で設定します。ここでは既存のGoogleアカウントを使って、パスキーの設定と使い方を一挙に紹介します。

MEMO

Appleでサインイン

対応サービスによっては、新規アカウントを作成する際にApple IDでサインインすることで、アカウント作成と同時にパスキーを設定できることもあります。その場合、あとからパスワードを設定することも可能です。

3 生体認証機能がないデバイスでGoogleにサインインする場合、画面に表示されるQRコードをパスキー設定済みのiPhoneで読み取って「パスキーでサインイン」をタップします

4 作成したパスキーは、「設定」アプリの「パスワード」で管理します。パスキーで使用する鍵（秘密鍵）はデバイスに保存されますが、iPhoneの機種変更時はiCloud経由で転送されます

087 カスタムパスコードで セキュリティを強化しよう

　大切な情報が詰まっているiPhoneに、悪意のある第三者がアクセスしてきたりしたら大変です。万が一に備えて強化しておきたいのが、iPhoneの入口を守るパスコードです。初期設定では6ケタの数字ですが、ケタ数を増や

したり英字を混在させたりと、より複雑にカスタマイズできます。
　Face IDの利用にもパスコードの設定は必須。パスコードはiPhoneの基本となるセキュリティ対策なので、強化して、しっかり防御しましょう。

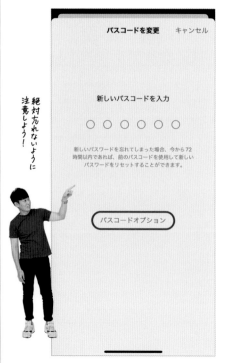

絶対忘れないように注意しよう！

1 「設定」アプリで「Face IDとパスコード」➡「パスコードを変更」をタップし、現在のパスコードを入力。新しいパスコードの入力画面で「パスコードオプション」をタップします

2 選択可能なオプションのうち、「カスタムの英数字コード」は数字と英字が混在するコードが設定できます。「カスタムの数字コード」はケタ数を増やすことができます

088 新パスコードを忘れたら 72時間の救済措置!

セキュリティを強化しようとパスコードを変更したら、さっそく忘れてしまった人に朗報です! iOS 17では、パスコード変更後72時間以内であれば、新しいパスコードを忘れてしまっても変更前のパスコードを使ってiPhoneのロックを解除できるようになりました。

古いパスコードでロックを解除したあとは、パスコードのリセット画面に移行します。ここで設定する新しいパスコードは忘れないように!

酔っぱらってパスコード変更は危険!(笑)

1 ロック画面で間違ったパスコードを複数回入力すると、一時的にロックがかかります。そこで、画面右下の「パスコードをお忘れですか?」をタップします

2 「以前のパスコードを入力」をタップしてロックを解除します。なお、変更から72時間以上経過した場合、iPhone自体をリセットすることになるので注意が必要です

089 自動生成パスワードを ルールに合わせて編集する

iPhoneは、パスワード登録時に自動で「強力なパスワード」を生成してくれますが、それが登録できないことがあります。多くは、長すぎる文字列や使えない記号、逆に使用を義務付けられた記号が原因です。

そんなときは、パスワードの文字列を編集してしまいましょう。これにより、サイトごとに設けられたルールに合わせて自分で内容を調整できるので、セキュリティを保ちながら登録作業ができます。

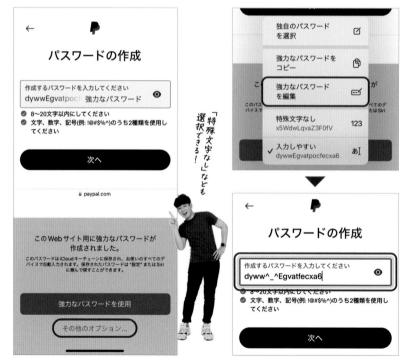

「特殊文字なし」なども選択できる！

1 SafariでWebサイトの登録画面を開き、パスワード入力欄をタップ。強力なパスワードが生成されたら画面下部の確認ウインドウから「その他のオプション」をタップします

2 現れたメニューから「強力なパスワードを編集」をタップします。続いて生成されたパスワードをタップするとカーソルが表示されるので、そのまま文字列を編集します

090
画面ロックで機能を強化！
プライベートブラウズを使おう

　何のページを見たのかバレないように証拠隠滅のイメージがあるSafariの「プライベートブラウズ」機能ですが、Webサイトへのログイン情報を保持することなく、閲覧履歴を追跡されることも防いでくれるセキュリティ効果も

あるのです。そのプライベートブラウズに、画面のロック機能が追加されました。ロック解除にはFace IDなどの生体認証かパスコードが必要になり、プライバシーを守りながらブラウジングが楽しめます。

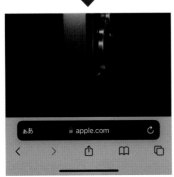

Safariで右下のタブアイコンをタップし、画面下部の「○個のタブ」を右にスワイプして「プライベート」に切り替えます。プライベートブラウズ中は、URL欄が黒地に白文字になります

「設定」アプリの「Safari」➡「プライベートブラウズをロック解除するにはFace IDが必要」でオン／オフを切り替えます。オンにすると、Face IDで認証するまで画面はロックされます

大切なデータを後世に託す「デジタル遺産プログラム」

もはや生活の中心にあるiPhone。自分に何かあったとき、そのアカウントの扱いは極めて重要な問題です。アップルでは、Apple IDにひも付いたデジタルデータを信頼できる個人に託す「デジタル遺産プログラム」を用

意しています。家族や信頼できる友人など、アカウント管理連絡先に指定された人は、アカウントの持ち主が亡くなったあとに、アクセスキーを使って故人のアカウントへのアクセス権、またはアカウント削除を申請します。

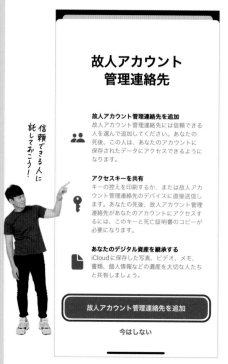

信頼できる人に託しておこう！

1 「設定」アプリ上部の名前をタップし、「サインインとセキュリティ」➡「故人アカウント管理連絡先」をタップします。画面の指示に従って、管理者になってもらう連絡先を追加します

2 管理者に発行されるアクセスキーは、メールやメッセージで送信、または印刷して渡すことができます。管理連絡先の追加や削除は同画面で操作できます

092 写真の位置情報を曖昧にして プライバシーを守る

　iPhoneで撮影した写真には、撮影場所の情報が付加されます。旅先で撮った写真など、あとから地図で場所を確認すると楽しいものですが、うっかり他人に渡したりすると、自宅の住所などがバレてしまう可能性もあります。

　プライバシーが気になる人は「カメラ」の設定で「正確な位置情報」をオフにするといいでしょう。これで写真にはおおよその場所しか記録されません。なお、撮影済みの写真の位置情報を調整・削除することも可能です。

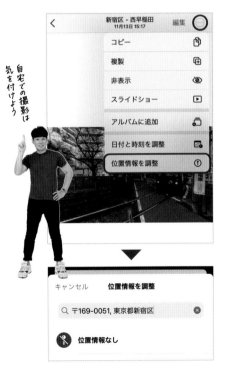

自宅での撮影は気を付けよう

「設定」アプリの「プライバシーとセキュリティ」→「位置情報サービス」→「カメラ」で「正確な位置情報」をオフにします。これで撮影する写真の位置情報は大雑把になります

「写真」アプリで写真を開いて、右上のメニューから「位置情報を調整」または写真下の地図の右下にある「調整」をタップすると、位置情報の削除や変更ができます

サムネールを見ても
何の写真かわからなくするワザ

他人にiPhoneの写真を見せるとき、「写真」アプリのライブラリでサムネールを見られるのって、ちょっと恥ずかしくないですか？ そこで、サムネールを見ても何の写真かわからなくするワザを紹介しましょう。

使用するのは、「写真」アプリの編集ツール「トリミング」です。トリミングは、画像の周辺など不要な部分を削除して見せたい部分を切り出す機能ですが、写真の一部分を拡大したりして切り出せば、写っているものが何な

1 「写真」アプリで隠したい写真を開いて、右上の「編集」をタップします。サムネールに自撮りが多いのもちょっと恥ずかしいので、自分の写真を隠してみます（笑）

2 「編集」画面に切り替わったら、ツールの中から右端の「切り取り」を選びます。ちなみに、「切り取り」画面で「自動」をタップすると、最適な角度やトリミングで調整してくれます

のかわからなくなります。操作は難しくないので、慣れれば時間はかかりません。これで他人にライブラリを見られても気になりません。すぐに元に戻せるので心配せずに、どんどん隠してしまいましょう。

MEMO

編集した写真は
ワンタップで元どおり

元に戻す操作は簡単です。戻したい写真を開いて右上の「編集」をタップし、編集画面で「元に戻す」をタップすれば、編集前の状態に戻ります。

3 フレームの四角のハンドルをドラッグしたり写真をピンチアウトで拡大したりしてトリミング範囲を指定します。最後に右上のチェックマークをタップして完了です

4 必要に応じてこの操作を繰り返しましょう。3つの写真の内容がわからなくなっています。サムネールはもちろん、写真を開いて見られても何が写っているかわかりません

094

おすすめされたくない写真は削除しないで「非表示」に

　「写真」アプリでは、「メモリー」とか「おすすめの写真」とかのアルバムを自動で作ってくれますが、特に見せてくれなくてもいい写真がホーム画面のウィジェットに出てきたりするとびっくりしませんか？ かといって、せっかく撮った写真を削除したくはない。そんなときは、「非表示」機能を使いましょう。写真や動画を隠すだけなので、あとで簡単に戻せます。なお、「非表示」アルバムはパスコードロックが可能です。

1 これは撮影中のひとコマ。このiPhoneを持ってはしゃいでいたら顔が隠れてしまった写真を非表示にします。写真を開いた状態で、右上のメニューをタップします

2 オプションメニューが表示されたら、その中から「非表示」を選択します。サムネールから複数の写真を選択した場合は、右下のメニューから同様に「非表示」を選びます

写真を非表示にしたことも隠せるね

MEMO

「非表示」「最近削除した項目」は Face IDでロックする

見せたくない写真を非表示にすると、「非表示」アルバムに入ります。「設定」アプリの「写真」で「FaceIDを使用」をオンにしておけば、「非表示」および「最近削除した項目」アルバムを開くのにFace IDが必要になります。なお、「非表示」アルバム自体を非表示にすることもできます。

3 画面下から確認のメッセージが出てくるので、説明をよく読んで「○枚の写真を非表示」をタップします。これで、この写真は「写真」ライブラリに表示されなくなります

4 非表示にした画像を元に戻すには、「アルバム」タブで「非表示」アルバムを開きます。Face IDで認証後、復活させたい画像を選択し、メニューから「非表示を解除」をタップします

095

USB-Cポートの威力絶大！
外付けストレージに保存する

iPhoneに保存した写真や動画が増えてくると、悩みのタネになるのが内部ストレージの空き容量。iPhone 15シリーズなら、USB-Cポートに接続できるUSBフラッシュメモリーやポータブルSSDなどの外部ストレージをその

まま接続して、iPhone内のデータを保存することができます。ここでは、「写真」アプリや「ファイル」アプリに保存したデータを、外付けストレージに保存する方法を紹介しましょう。

Lightningポートの機種では、外付け

USB-C接続のフラッシュメモリーやポータブルタイプの外付けSSDであれば、直接、または汎用ケーブルを使ってiPhoneに接続できます。外付けストレージにデータを避難させておけば、いざというときのバックアップにもなります

これで容量不足も解決！

Lightningポートを備えた機種でUSBフラッシュメモリーを利用するには、アップル製のiPhoneアクセサリー「Lightning-USB 3カメラアダプタ」などを使います。電源アダプターで電力を共有する必要があります

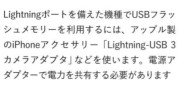

ストレージの接続に給電可能なUSB変換アダプターが必要でした。USB-CポートのiPhone 15シリーズは汎用のケーブルでそのまま接続できます。

なお、iPhoneで認識できる外部ストレージは、APFS／APFS（暗号化）／macOS拡張（HFS+）／exFAT／FAT 32／FATのいずれかでフォーマットされたものです。ストレージ購入後にパソコンでフォーマットするか、あらかじめフォーマットされている製品を購入しましょう。

1 写真や動画を外部ストレージに保存するには、「写真」アプリで転送したい写真を選び、共有アイコンをタップ。「"ファイル"に保存」でブラウズし、ストレージが認識されていれば選択して、「保存」をタップします

2 iPhoneに戻すときは、「ファイル」アプリで外部ストレージを開き、右上のメニューで「選択」をタップ。画像を選んで共有アイコン➡「○個の画像を保存」で、「写真」アプリに保存されます。「ファイル」アプリにも保存可能です

096

世界中のアップル製品と共に
自分のiPhoneや持ち物を探そう！

iPhoneが備える「探す」機能には、主に2つの役目があります。ひとつは、iPhoneやAirPods、トラッキングデバイスAirTag（および他社製の対応デバイス）を付けたアイテムなどを紛失した際、iPhoneやMacの「探す」ア

プリで場所を調べる機能。地図上で場所を確認したり、部屋の中でどこにあるのか探したりできます。もうひとつは、それらのアイテムがiPhoneから離れたときにiPhone上で通知する機能です。

ときどき
お世話になる機能です…

1 「設定」アプリの名前➡「探す」➡「iPhoneを探す」で、すべての項目をオンにすると、iPhoneの位置を確認できます。iPhone 11以降では、電源がオフでも24時間以内なら見つかります

2 「探す」アプリでは、登録デバイスがどこで検知されたかをマップ上で確認できます。Macの「探す」アプリやiCloudのWebサイトからiPhoneを探すことも可能です

実はこの「探す」機能、世界中にある数億台規模のアップルデバイスが匿名のBluetoothを使って構築している「探す」ネットワークによって実現しています。知らない間にアップルユーザー同士で助け合っているわけです。

MEMO

部屋の中でなくした AirPodsを探す

部屋の中でAirPodsを外したんだけど、場所がわからない——そんなときは「探す」アプリでデバイスを選び、「探す」をタップして歩き回ると、位置を教えてくれます。iPhone 11以降で有効です。

3 リストからデバイスを選択すると、個別の設定画面となります。ここで、音を出す「サウンドの再生」、位置を探る「探す」、置き忘れ防止の「通知」の設定などができます

4 「通知」の「手元から離れたときに通知」をオンにしておくと、デバイスからiPhoneが離れた際に「○○が手元から離れました」というアラートがiPhoneに表示されます

097 ヘルスケアデータを共有して モチベーションアップ！

iPhoneの「ヘルスケア」アプリでは、ウォーキングやランニングなどのアクティビティのほか、Apple Watchなどのウェアラブルデバイスを併用することで心拍データなども記録できます。さらに、これらのデータは共有が可能なため、友人同士でアクティビティを共有してトレーニングのモチベーションを上げるのはもちろん、遠隔地で暮らす家族の健康状態を把握して、異常があれば通知で知らせてもらうといった目的でも使えますよ。

遠隔からの家族の見守りに！

1 「ヘルスケア」アプリ下部の「共有」➡「ほかの人と共有」をタップして、共有相手を検索して選択します。画面の指示に従ってヘルスケアデータやアクティビティなど、共有する項目を選択して「次へ」をタップします

2 共有する項目を確認して、「共有」をタップします。相手が共有を承認すると、相手の「共有」タブにあなたが共有した項目の情報が表示されます。なお、相手の情報は相手が共有しない限り、あなたの「共有」には表示されません

098 「画面との距離」をキープして 目を大切にしよう!

ボクが言うのもなんですが、四六時中iPhoneばかり見てると目の疲れを感じたりしませんか? 近距離で画面を見続けると、眼精疲労や近視のリスクが高くなる可能性もあるとか。

身に覚えがある人は、「スクリーンタイム」の新機能「画面との距離」を試してみましょう。この機能をオンにすると、画面との距離が30cm未満の状態がしばらく続くと警告が表示されて、腕を伸ばして画面を離すまで一時的に操作ができなくなります。

1 「設定」アプリで「スクリーンタイム」を開き、「画面との距離」をタップします。次の画面で「画面との距離」のスイッチをタップしてオンにします

疲れ目が気になる人も!

2 画面に顔を近づけてしばらく操作していると、「iPhoneが近すぎる可能性があります」と警告されます。腕を伸ばしてiPhoneを遠ざけると、直ちに解除されます

iPhoneが3Dスキャンマシンに！
「3Dかじがや卓哉」が見事に完成

iPhone 12以降のProシリーズに搭載されたLiDARスキャナーを使った3Dスキャンが、iOS 17でさらに進化しました。Object Captureという新機能が開発者向けに提供され、対応アプリで利用できます。3Dスキャンの性能についてはスマートフォンの機能としては以前から十分なものでしたが、iOS 17でiPhoneが本格的な3Dスキャンマシンになったような印象です。

試しにボクをスキャンしてみましたが、陰影や距離感などかなり正確に再現されており、手持ちのiPhoneだけでこれができるのは本当にスゴいです。うまくスキャンするコツとしては、しっかりと明るい環境で行うことと、スキャン対象物の周りをグルグルと回ることになるので、ある程度のスペースを確保することです。

スキャンした3Dデータは、汎用性の高いもので、ARなどのさまざまな環境で使用できます

スキャンしたボクと記念撮影（笑）。モデリングデータとして書き出せば、AR（拡張現実）として、サイズも角度も自由に操作できて、どこにでも配置できます

使用アプリ
Photogrammetry
／ Taisei Shimizu

新しいiPhoneもiOSも、従来よりもより効率的に、手間のかからないように進化しています。ダイナミックアイランドを使った操作などの新機種ならではの高速テクニックで、スピードアップだ！

Chapter

使いこなせばスピードアップ！
iPhone高速テクニック

099

ショートカットを使いこなして iPhone上級者を目指そう!

さまざまな操作を自動化できる「ショートカット」アプリは、iPhoneの可能性を大きく広げてくれますが、自分で組み上げるのが面倒で、使ったことがない人が多いのではないでしょうか? でも、一度作ってみると意外なほど簡単です。ここではショートカット初心者向けに、アプリを起動するショートカット（アクション）の作成方法を説明します。

ショートカットのアクションでよく使うアプリの起動を登録しておけば、

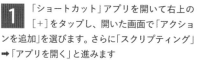

まずはサンプルのショートカットで勉強を!

1 「ショートカット」アプリを開いて右上の［＋］をタップし、開いた画面で「アクションを追加」を選びます。さらに「スクリプティング」 ➡「アプリを開く」と進みます

2 「アプリを開く」の画面で青い「アプリ」の部分をタップすると、アプリの一覧が開きます。ここでは「Google Maps」を選びました。すると「アプリ」が「Google Maps」となります

「背面タップ」（P.84参照）などと組み合わせることで、iPhoneの背面を2〜3回叩くだけでアプリを開くことができます。さらに、オートメーション機能と組み合わせれば、決まった時間や場所でアプリを起動させるといった使い方も可能になるなど、アイデア次第でどんどん便利になるんです。

「ショートカット」内の「ギャラリー」にサンプルが用意されているので、これらをカスタマイズしながら勉強するといいでしょう。

3 上部の「アプリを開く」の横にある矢印をタップしてメニューを開き、名称やアイコンの色や形状を設定します。作業後に右上の「完了」をタップすれば、作成は完了です

4 作成したショートカットを長押しして、メニューの「詳細」から「ホーム画面に追加」をタップします。確認後に「追加」をタップで配置完了です

100

見当たらないアプリを
使いやすい場所に置く方法

お目当てのアプリがホーム画面のどこにあるかわからないとき、検索結果から起動できますが、わかりやすい位置に並べ替えたいときはアイコンを探す必要があります。そんなときは、検索結果またはアプリライブラリのアイコンを長押しして、そのままホーム画面にドラッグ＆ドロップすると簡単です。ただし、この方法を使うとドロップするたびにアプリのアイコンが増えていくので（iOS 17.1時点）、混乱しないように注意してください。

1 ホーム画面の「検索」をタップしてアプリ名を入力。アイコンが表示されたら長押ししてドラッグし、ホーム画面でドロップします。「アプリライブラリ」でも同様の操作になります

2 検索画面からドラッグ＆ドロップしたアプリは、ドロップするたびにアイコンが増えていきます。複数のホーム画面に同じアプリを配置することもできます

101 「ダイナミックアイランド」から アプリを直接操作する

iPhone 14 Proおよび15シリーズに搭載されている「ダイナミックアイランド（Dynamic Island）」には、Face IDの認証やAirDropのやり取りなどのほか、再生中の音楽やタイマーの残り時間など対応アプリの「アクティビティ」が表示されます。長押しすると、音楽の停止や曲送りなどの操作ができるアプリもあります。表示が不要なときは端から中央にスワイプして隠すことも可能です。最大2つまでのアクティビティを並べて表示できますよ。

1 「時計」アプリでタイマーを使用中、上にスワイプしてアプリを閉じると、ダイナミックアイランドに残り時間が表示されます。長押しで、タイマーの一時停止／終了ができます

2 アクティビティは、端から中央に向けてスワイプすると隠れ、中央から端にスワイプすると戻ります。2つのアプリまで表示され、長押ししたほうの操作画面が開きます

キーボードを指でなぞると
トラックパッドに変化！

文章内に文字を追加／削除したいときなど、その場所にカーソルを挿入する必要がありますが、狙った位置にうまくカーソルが移動できなくてイライラすることありませんか？

そんなときは、キーボードをノートパソコンのトラックパッドのように使うと便利です。やり方は、キーボードの「空白」または「space」キーを長押しするだけ。キーの文字が消えたら、あとはトラックパッドのように指でなぞってカーソルを自由に動かせます。

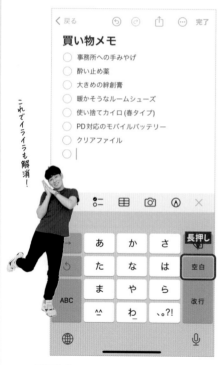

これでイライラも解消！

1 「空白」キーを長押しすることで、キーボードを一時的にトラックパッドに切り替えられます。QWERTY配列の英字キーボードでは、「space」キーを長押しすればOKです

2 キートップの文字が消えて、ノートパソコンのトラックパッドのような操作が可能となります。指でドラッグすることでカーソルを自由に動かせるので、サッと目的の位置へ

103 フリック入力でカギカッコを あっという間に入力する方法

文章入力でカギカッコを入力するとき、どうしていますか?「かっこ」と入力して変換候補から探す方法や、数字キーボードに切り替えて「7」からフリック入力する方法などがありますが、どちらも面倒ですよね。実は、ひらがなのキーボードから直接入力する方法があります。「や」のキーを長押しすると、左右にカギカッコが表示されるんです。入力のときは長押ししなくても、左右にサッとフリックするだけで一瞬で入力完了です。

1 「や」のキーを長押しすると、左右にカギカッコが現れるので、これをフリックで選択しましょう。キーボードを切り替える必要がないのでスピーディーです

2 変換候補には、二重カギカッコ(『』)や隅付きカッコ(【】)といった特殊なカッコも表示されます。こちらも「や」からフリック入力して選択すれば、素早く入力できます

友だちに教えてあげよう!

文字入力が劇的に速くなる
音声入力は使わないと損！

　音声入力を実用性のない機能というのはすっかり過去の話となりました。今では音声認識の精度がすごく向上して、かなり正確かつスピーディーに文字を入力できる実用レベルの機能になっています。メッセージの

ような短い文だけでなく、本格的な長文でもスムーズに入力できるんです。しかも、音声入力中もキーボードは開いたままなので、例えば、自分が間違ってしゃべった部分をキーボードで修正することも簡単です。

1 右下のマイクアイコンをタップすると音声入力がスタート。入力中にキーボードで、テキストを修正することも可能です。音声入力は解除されないので、続けて入力できます

「、」や「。」はほぼ自動で入力！

2 絵文字も入力可能。上から「げらげらえもじ」「なみだえもじ」で入力しています。マイクアイコンがない場合は、「設定」アプリの「一般」➡「キーボード」で「音声入力」をオンに

105 URLやメールアドレスを 単語登録してサクッと入力

WebサイトのURLやメールアドレスを、いちいち入力するのは面倒です。コピー＆ペーストする手もありますが、操作に手間がかかります。そこでオススメしたいのが、よく使うURLやメールアドレスなどの文字列を「ユーザ辞書」に登録することです。こうすれば一発で入力できて便利です。また、「ユーザ辞書」には定型文や住所なども登録できます。うまく使いこなして、テキスト入力をスピードアップしましょう。

「よみ」を忘れないように気を付けよう！

1 文字列の登録は、「設定」アプリの「一般」➡「キーボード」➡「ユーザ辞書」で行います。画面右上の［＋］をタップして「単語」と「よみ」を入力し、「保存」を選択しましょう

2 ユーザ辞書に登録した「よみ」を入力すると、変換候補に「単語」（ここではURL）が表示されます。普段は使わないけどわかりやすい「よみ」で登録しましょう

106
フリック入力で手こずる 「はは」を素早く入力する

　フリック入力で「はは」と入力したいとき、「は」を連続してタップすると「ひ」になってしまいます。ワンテンポ遅れて入力する手もありますが、待ってられませんよね。そんなときは、2文字目を入力するときに指を離さず、一瞬「ひ」にずらしてから「は」に戻しましょう。これで連続入力できます。なお、「設定」アプリの「一般」➡「キーボード」で「フリックのみ」をオンにすると、タップだけで入力可能です。

2文字目の「は」を入力する際、一瞬「ひ」にフリックしてから「は」に戻します。これで「はは」とすばやく入力できます。この方法は、あ段の文字すべてに当てはまるので、試してみましょう

107
縦に長〜いWebページは バーをつかんで高速スクロール

　スマホ向けのWebサイトには、やたら縦長のページがあります。下のほうを読むには、何度もスワイプして移動する必要があります。そこで覚えておきたいのが、右側に表示されているスクロールバーを長押しするワザです。バーを長押しするとiPhoneがコツンと震えてバーが太くなります。そのまま指を離さずにバーを上下にドラッグすると、超高速でスクロールができるようになるんです。

ページをスクロールすると、右側にスクロールバー現れるので、消える前にバーを長押しします。すると、軽い振動があってバーが太くなるので、そのままドラッグして上下に動かします

108 Wi-Fiのパスワードは タップするだけで共有完了

　自宅や会社に来客があったとき、Wi-Fiのパスワードを教えることがあると思います。ただ、複雑なパスワードを伝えたり、入力したりするのは面倒なものです。もし「連絡先」にApple IDが登録されている相手なら、初めて接続するときに接続済みのiPhoneからWi-Fiパスワードを簡単に転送できるんです。相手がパスワードを入力しようとすると自動的にウィンドウが開くので、あとはワンタップするだけで接続完了です。

1 両方の端末でWi-FiとBluetoothをオンにした状態で、初めて接続するWi-Fiを選んで「パスワードを入力」の画面を開きます。ただしこの際、お互いのApple IDがメールアドレスとして連絡先に登録されている必要があります

2 初めて接続するiPhoneの近くにすでに接続済みのiPhoneがあれば、Wi-Fiパスワードを共有する画面が開きます。「パスワードを共有」をタップすれば、相手に自動的にパスワードが登録されて接続が完了します

109 印刷されたWi-Fiパスワードは「テキスト認識表示」で入力

Wi-Fiを提供しているカフェやホテルなどでは、パスワードが貼り出されていることがあります。それを手作業で入力するのは面倒なので、カメラの「テキスト認識表示」を使いましょう。

Wi-Fiのパスワード入力欄をタップすると現れる「自動入力」をタップして、次に「テキストをスキャン」を選択すると、画面下部にカメラのウインドウが開きます。あとはカメラをかざしてパスワードの文字列をフレームに入れると、自動的に入力してくれます。

印刷されたパスワードはカメラでスキャン

1 「設定」アプリの「Wi-Fi」で接続したいWi-Fiをタップ。「パスワードを入力」画面が開くので「パスワード」入力欄をタップして「自動入力」➡「テキストをスキャン」の順にタップします

2 下部がカメラに切り替わるので、パスワードの文字列に向けると自動的に認識して文字列が入力されます。タップして選ぶことも可能で、選択後に「入力」をタップします

110 特定のメッセージへの返信は 右スワイプでインライン返信

「メッセージ」アプリでiPhone同士のiMessageでのやり取りの際、少し前の投稿に返事をするときなどに、相手がどの発言への返信かわかりやすいように特定のメッセージに返信することができます。これまでは吹き出しを長押しして「返信」をタップする必要がありましたが、iOS 17では返事をしたいメッセージの吹き出しを右にスワイプするだけで、インライン返信が可能になりました。

返信したい吹き出しを右方向にスワイプすると、そのメッセージだけが表示されて返信できます。なお、発信が青い吹き出しになるiMessageでのみ有効です

111 連続タップするだけで テキストを素早く選択する

テキストをコピーするときの範囲選択って、一発ではなかなかうまくいきませんよね。そこで、2回または3回タップして範囲指定することをオススメします。例えば、単語を選択したいなら2回タップ、行や段落全体を選択したいなら3回タップするだけで、範囲指定ができます。そのあと、メニューからカットやコピーをしたり、一部アプリでは「フォーマット」からボールドや下線などの装飾も行えます。

3回タップで段落全体が範囲指定されます。これに3本指を使ったコピー（ピンチイン）、ペースト（ピンチアウト）を組み合わせると、さらに素早い操作も可能です

112 今すぐカメラを使いたいなら ロック画面を左にスワイプ！

今すぐ写真を撮りたい瞬間に出くわしても、iPhoneのロックを解除したり「カメラ」アプリを起動したりしていると、シャッターチャンスを逃してしまいます。そんなときは、迷わずロック画面を左にスワイプしましょう。すると、「カメラ」アプリが起動して撮影可能な状態になります。ロック画面のカメラアイコンを長押しする方法もありますが、左にスワイプするほうがワンテンポ早く撮影できますよ！

撮りたいシーンに出くわしたら、ロック画面を左にスワイプしましょう。最速で「カメラ」アプリが起動します。ぜひ覚えておきたいワザです

113 突然鳴り出した着信音を 手探りですぐ止める方法

静かな場所で急に電話の着信音が鳴ったら、すぐに着信音を止めようと焦ってしまいますよね。そんなときは、iPhoneの左右にあるボタンをどれでもいいので押しましょう。これで電話を切ることなく着信音が止まります。ポケットの中のiPhoneも手探りで止められます。なお「設定」アプリの「Face IDとパスコード」➡「画面注視認識機能」をオンにすると、画面を見つめるだけで音が小さくなります。

サイドボタンや音量ボタン、どれを押しても着信音が止まります。ただし、電話はつながったままなので注意。なお、サイドボタンを2度押しすると「拒否」となり、電話が切れる（契約によっては留守電になる）ので要注意

114
メールで届いた認証コードをタップひとつで自動入力

ログインに際して、SMSやメールで届いた確認コードを入力する「2段階認証」方式のWebサービスが増えてきました。iOSにはSMSで届いた確認コードを自動入力する機能がありますが、iOS 17ではメールで届いた確認コードの自動入力にも対応しました。

これで「メール」アプリに切り替えて認証コードをコピーし、再びSafariに戻ってコード入力する手間を省けます。使用済みの認証コードメールを自動削除する機能も備えています。

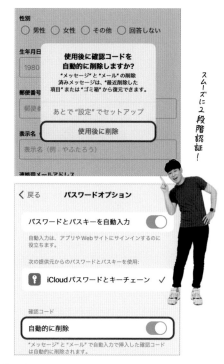

スムーズに2段階認証！

1 確認コード入力欄をタップすると、届いたメールに含まれる確認コードを検知して、キーボード上部に確認コードが表示されます。タップすると、自動入力されます

2 自動入力で使用したメールを削除するか、受信時に尋ねられます。「設定」アプリの「パスワード」➡「パスワードオプション」の「自動的に削除」でもオン／オフできます

アプリの並べ替えにも便利!
複数アプリをまとめて移動

ホーム画面のアプリを移動するには、アイコンを長押しして震え始めたらドラッグするというやり方が一般的ですが、たくさんのアプリを動かしたいときは時間がかかってしまいます。複数のアプリをまとめて移動するには、アイコンが震えている状態で移動したいアイコンを少しだけ動かし、そのまま指を離さずに一緒に移動させたいアイコンをほかの指でタップしましょう。すると、アイコンが重なるので、まとめて移動できます。

両手を使うとカンタンです!

別の指でタップ

ドラッグ

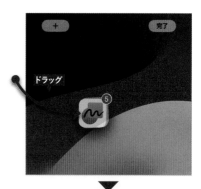

ドラッグ

5つのアプリを選択した状態

1 ホーム画面を長押ししてアイコンが震え始めたら、移動したいアイコンをドラッグして[−]を消します。そのまま指を離さずに別の指でほかのアイコンをタップすると、次々に重なります

2 移動したい場所にドラッグ&ドロップすると、アプリアイコンがまとめて配置されます。アイコンは重ねた順番で並ぶので、単に並べ直したいときにも活躍するテクニックです

116 直前に使っていたアプリに 素早く戻れる小ワザ

メール本文内のリンクやゲーム画面の広告をうっかりタップしてしまい、Safariが起動して見たくもないページや広告が表示されイライラした経験はありませんか？ そんなとき、直前のアプリにパッと戻る2つの方法を紹介します。それは、画面の左上に表示されているアプリ名をタップする方法と、画面下部のホームインジケーターをスワイプする方法です。ホーム画面ではホームインジケーターは見えないので、画面下部をスワイプしましょう。

リンクをタップして、アプリが切り替わった状態です。画面左上の「メール」という小さな文字が、ひとつ前のアプリを示しています。タップすることで、すぐに戻ることが可能です

画面の最下部にあるホームインジケーターを右側にスワイプしても、ひとつ前のアプリに戻れます。ホーム画面ではホームインジケーターがあるべき場所をドラッグすればOK

117 言葉の意味を調べるなら内蔵辞書を使うと超速い！

わからない言葉について調べるのに、Web検索をしている人は多いと思います。でも、ネット上にはあまりにも情報が多すぎて、正しい情報にたどり着くまでに苦労することもあります。

そこで活用したいのが、iPhoneの内蔵辞書です。手順は簡単で、言葉を選択すると表示されるメニューから「調べる」を選ぶだけで、その言葉の意味が表示されます。オフライン環境でも使えるのもグッドです。

調べたい言葉を選択し、メニューから「調べる」を選択。すると言葉の意味が表示されます。「調べる」がない場合は、メニューの［∨］［∧］をタップしましょう

118 さっき見たWebページに瞬時に戻れる裏ワザ

Webブラウジングをしていると、さっき見たWebページをもう一度見たくなる場面はよくあります。［＜］をタップして戻ることも可能ですが、かなり前に開いたページの場合はたどり着くまでに何度もタップする必要があります。そんなときは［＜］を長押しします。すると、これまでの閲覧履歴が一覧表示されるので、見たいページを選択すると一発でそこに戻ることができますよ。

Safariの画面の左下にある［＜］を長押しすると履歴が一覧表示されるので、目的のものをタップしましょう。ただし、ここに表示されるのは同じタブで開いたページのみです

119 開きすぎたSafariのタブを 全部一気に閉じるテクニック

SafariでWebブラウジングしていると、いつのまにか大量のタブが開かれた状態になってしまい、お目当てのタブを探すのに苦労することも……。タブの一覧表示で右上の［×］をタップすれば閉じられますが、ひとつずつ閉じるのは面倒だし、数が多いと全部閉じるのが大変です。そんなときは、タブの一覧表示画面で「完了」を長押しするか、ページ右下にあるタブアイコンを長押しすると、まとめて閉じるメニューが表示されます。

大量のタブを閉じるのは大変（汗）

Safariの画面で、右下のタブアイコンを長押しします。メニューが表示されるので、「○個のタブをすべて閉じる」をタップしましょう。これで一気に閉じられます

もうひとつの方法です。タブの一覧表示画面で「完了」を長押し。表示された「○個のタブをすべて閉じる」をタップします。これでまとめて閉じることができます

メールを整理するときは
サッとスワイプしましょう

「メール」アプリの受信ボックスって、いつのまにか広告などの未読メールがたくさんたまってしまいますね。大量のメールを整理するには、スワイプを駆使することをオススメします。

開く必要のないメールは右にスワイプして引っ張り切れば、開封することなく「開封済み」にできます。不要メールは左に引っ張り切れば、即「ゴミ箱へ移動」完了です。メニューの項目は、「設定」アプリの「メール」➡「スワイプオプション」でカスタマイズできます。

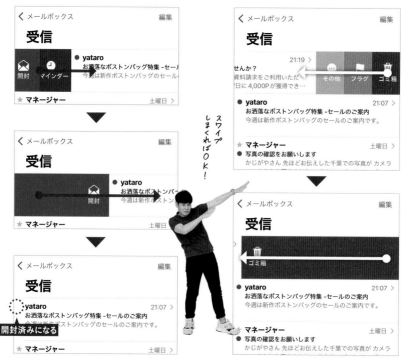

スワイプしまくればOK！

受信ボックスのメールを右にスワイプすると「開封」メニューが表示され、そのまま右端まで引っ張り切れば開封済みになります。なお、再度右に引っ張ると未開封に戻ります

左にスワイプすると、返信や転送ができる「その他」と「フラグ」「ゴミ箱」といったメニューが表示されます。そのまま左端まで引っ張り切れば、タップなしでゴミ箱に移動できます

121 下書きメールの呼び出しは 新規メールアイコン長押しで

メールの作成中、別の用事で中断したいときは、左上の「キャンセル」をタップすると書きかけのメールを下書きとして保存できます。下書きメールは「メールボックス」の「下書き」に保存されるので、そこから開けば作業を再開できます。でも、もっと早く下書きメールを呼び出すテクニックがあるんです。それは、画面右下にある新規メッセージアイコンの長押しです。下書きメールのリストが下から表示されるので、そこから選びましょう。

1 メールの作成中に左上の「キャンセル」をタップすると、メニューが開くので、「下書きを保存」を選択すると、作成中のメールが下書きとして保存されます

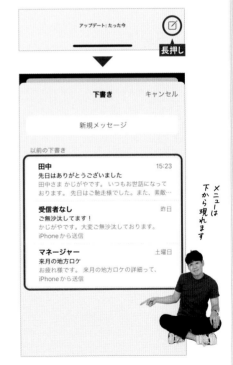

2 「メール」アプリの右下にある新規メッセージアイコンを長押しすると、保存されている下書きメールが一覧表示されます。あとは、ここから選んでメール作成を再開しましょう

122 複数アカウントのメールから 未読メールだけ一気に集める

「メール」で複数のアカウントを使い分けていると、大事なメールをうっかり見落としやすくなります。そんなミスを防ぐために「メール」アプリには、未開封メールだけを瞬時に抽出して表示してくれるフィルタ機能が用意されています。「全受信」で確認すれば、各アカウントの受信ボックスに届いている未読メールをまとめてチェックできます。なお、フィルタは「フラグ付き」「宛先：自分」のメールといったようにカスタマイズ可能です。

1 「全受信」のメールボックスを開きます。通常は、開封済みも未開封もメールはまとめて表示されています。ここで左下の3本線のアイコンをタップします

未読メールが一瞬で集まる！

2 アイコンが反転し、「未開封」というフィルタが適用されます。なお、下部の「適用中のフィルタ」の部分をタップすると、フィルタの設定を変更／追加できます

123 写真を急いで探すときは とりあえず被写体で検索しよう

iPhoneを長く使っていると、「写真」ライブラリの中は写真であふれかえっていますよね。そんな中から目的の写真を探すのは大変です。そこで役立つのが「写真」アプリの検索機能です。例えば、「ラーメン」「渋谷」「結婚式」

「夕方」など、探したい写真の被写体や場所などをキーワードにして検索すれば、関連する写真が見つかります。さらに、写真の中の文字を認識して、キーワードの文字が含まれる写真も見つけてきてくれるんです。

似ているものが検索されることも（笑）

1 「海」で検索すると、きれいなビーチはもちろん、カーフェリーの船内や窓から少しだけ海が見えている写真も検出されました。場所や季節などを追加すると、さらに絞り込めます

2 「りんご」で検索してみました。りんごの写真はもちろん、パッケージに「りんご」と書かれたお菓子や、「りんごジュース」と縦書きされたメニュー看板まで検出されました

Apple Vision Proと
iPhone 15 Proが未来を変える

アップルから、とんでもないARデバイスが発表されました。その名も「Apple Vision Pro(アップルビジョンプロ)」です。ゴーグルをかぶるスタイルこそ従来のVRデバイスに似ていますが、中身はまったく別物。新ジャンル「空間コンピュータ」を実現し、デスクトップやアプリ、デジタルコンテンツなどが実際の空間に浮かんでいるように見え、視線の動きや手の動き、声だけですべての操作ができます。2024年前半に米国で先行発売予定ですが、おそらくボクはアメリカまで買いに行くでしょう(笑)。

このApple Vision Proでできることのひとつが、空間写真、空間ビデオの視聴です。左右の目それぞれの視点に合わせて少しずつ違った映像を流して立体的に見せる技術ですが、それを超高解像度ディスプレイによって、まるでその場にいるようなビジュアルを再現します。

そして、この立体的な映像を撮影できるのがiPhone 15 Proシリーズなんです。超広角と広角の2種類のレンズを使って立体的に見える写真やビ

デオを撮影し、Apple Vision Proで視聴できるんです。2023年末に搭載予定のこの新機能、本書の発売時点では登場しているかもしれません。iPhone 15 Proが、未来の写真、映像を変えてしまう大きな進化のきっかけになる可能性があります。

便利なiPhoneですが、使っている人が楽にならなけれ
ば意味がありません。何だか面倒な操作だなと思った
ら、ラクチンテクニックで簡単に操作しちゃいましょう。
手抜き操作がめじろ押し！

Chapter

手間をかけずに簡単操作！iPhoneでラクチンテクニック

写真や動画に含まれる文字を
コピペや翻訳などで活用する

iOS 16で日本語に対応した「テキスト認識表示」が、iOS 17で縦書きの読み取りにも対応しました。日本語の書籍や広告など、さまざまなところで使われる縦書きへの対応は、日本人にとってうれしいアップデートですね。

このテキスト認識表示、何ができるかというと、印刷物や写真、動画などに含まれる文字を認識してくれるんです。例えば、印刷された文章を書き写したいときは、文字の部分にカメラを向けて「テキスト認識」アイコンをタッ

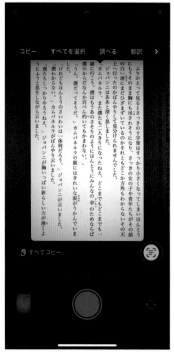

1 まず「設定」アプリの「一般」➡「言語と地域」で「テキスト認識表示」がオンになっていることを確認しましょう。オフになっている場合はオンに切り替えます

2 文字が写った写真を開き、「テキスト認識」アイコンをタップ、またはテキストを長押しして必要な部分を選択。メニューから「コピー」をタップすると、メモなどにペーストできます

プして文字を認識させます。あとは、認識された文字列をコピーして書き写したい場所にペーストします。

　ほかにも電話番号を読み取って電話したり、住所を「マップ」アプリで開いたり、外国語の翻訳も可能ですよ。

フライト情報や通貨の換算も

「テキスト認識表示」機能では、コピーや翻訳、マップで開くといったこと以外にも、便名からフライト情報をチェックしたり、通貨を換算したりすることも可能です。

3 カメラを向けるだけでテキストを認識させるには、「設定」アプリの「カメラ」で「検出されたテキストを表示」をオンにします。この設定はデフォルトでオンになっています

4 印刷された住所にカメラを向けて、右下の「テキスト認識」アイコンをタップ。読み取った住所がリンクになっていれば、タップすると、「マップ」アプリで住所の場所が開きます

125

目は口ほどにものを言う！
マスク姿でFace IDを使おう

iPhoneのFace IDは、マスクをしたままでの顔認証にも対応しています。マスクをずらすことなくそのままFace IDを使いたい場合は、「マスク着用時Face ID」の設定をオンにします。

また、マスクの設定をオンにすると最大4本までのメガネが登録できるようになるので、普段メガネをかけている人は、メガネ姿も登録しておきましょう。なお、この機能を使用するにはiOS 15.4以降を搭載したiPhone 12以降の機種が必要です。

1 マスク着用時の登録をするには、初回起動時やFace IDの新規登録時にこの画面が表示された際、「マスク着用時にFace IDを使用する」をタップ。登録時にはマスクは不要です

2 Face IDを登録済みの場合は、「設定」アプリの「Face IDとパスコード」で「マスク着用時Face ID」をオンにし、必要に応じて「メガネを追加」をタップします

126 「もう一つの容姿」の登録で 寝起きのFace IDを攻略!

iPhoneに顔を向けるだけでロック解除や支払いの認証ができる顔認識機能「Face ID」、便利ですよね。そんな、現代の「顔パス」とも言えるFace IDにも弱点はあります。それは、寝起きの顔の認証率がイマヒトツなとこ

ろ。マスク着用時の認証にも対応しているのに（P.194参照）、この寝起き問題は続いています。ならば、寝転がったまま寝起きの顔を「もう一つの容姿」として登録してみましょう。これで、寝起き問題は解決です！

ゆっくりと頭を動かして
円を描いてください。

1 「設定」アプリを起動して「Face IDとパスコード」を表示し、「もう一つの容姿をセットアップ」をタップします。すると、追加のFace ID登録画面に切り替わります

2 画面の指示に従って、寝転がった状態の顔を登録します。これで寝起きの顔認証率がアップするはずです。寝起きで認証に失敗したときが登録のチャンスですよ

127 イヤホン装着中も来客を教えてくれる「サウンド認識」

イヤホンで音楽を聴いたり映画を観たりしている間に、ドアベルを聞き逃して宅配の不在票が入っていたなんてこと、ありませんか？ そんなときは、近くの音を認識して知らせてくれる「サウンド認識」を使いましょう。

この機能は、ドアベルやサイレン、赤ちゃんの泣き声など、設定した音声をAIが認識すると通知してくれるというものです。また、音声を登録することもできるので、特殊なドアベルのサウンドを認識させることもできますよ。

〈 設定　アクセシビリティ

聴覚サポート

ヒアリングデバイス	〉
聴覚コントロールセンター	〉
サウンド認識	オフ 〉
オーディオ/ビジュアル	〉
標準字幕とバリアフリー字幕	〉

読み上げ

〈 戻る　サウンド認識

サウンド認識　⬤

26.3 MB使用済み

iPhoneで、特定のサウンドを継続的に聞き取り、デバイス上の人工知能機能を使用して、サウンドの認識が可能な場合に通知を試みます。

危害を受けたり、負傷したりする可能性がある場合、危険性の高い場面、緊急事態、またはナビゲーション中などの状況下では、サウンド認識に頼ることはおやめください。

サウンド	なし 〉

認識するサウンドを選択してください。

おや、誰か来たみたいだ…

〈 サウンド認識　サウンド　　　編集

家庭

電気器具	オフ 〉
車のクラクション	オフ 〉
ドアベル	オン 〉
ドアのノック	オフ 〉
ガラスの割れる音	オフ 〉
やかん	オフ 〉
水の出しっ放し	オン 〉

カスタム電気器具またはドアベル

サウンド認識　∨ 表示を減らす　✕

即時通知　**水の出しっ放し**　今
水の出しっ放しの可能性のある音が認識されました。

即時通知　**ドアベル**　2分前
ドアベルの可能性のある音が認識されました。

1 「設定」アプリの「アクセシビリティ」➡「サウンド認識」の順にタップして、「サウンド認識」をオンにします。続いて、表示される「サウンド」をタップします

2 認識させたい音声の種類をタップして、次の画面でオンにします。設定後のオン/オフはコントロールセンターで行えます。なお、「消音モード」では通知音が出ないので注意

128 サイドボタンを押しても通話を続行させる方法

通話中に誤ってサイドボタンを押してしまい、話の途中で電話を切ってしまった経験はありませんか? そんなうっかりミスで人間関係を悪くする前に、サイドボタンを押しても通話を終了しないように設定しておきましょう。

この設定をオンにすると、誤操作による通話の終了を防げるだけでなく、通話中にサイドボタンを押して画面を暗くすることもできます。スピーカー通話中に画面を消せば、バッテリー消費を抑える効果も期待できます。

1 「設定」アプリで「アクセシビリティ」をタップします。アクセシビリティの設定項目「身体機能および動作」の部分までスクロールして「タッチ」をタップします

2 「タッチ」の設定画面で「ロックしたときに着信を終了しない」のスイッチをタップしてオンにします。これで、うっかりサイドボタンを押しても通話は終了しません

129 大画面のiPhoneでも
片手で操作の秘策あり!

　画面サイズが大きいiPhoneを片手で操作する際、画面の上のほうが操作しづらくないですか? それならば、画面を下ろしてしまいましょう。

　画面の下端をさらに下方向にスワイプすると、画面全体が下に下がってきます。ホームボタンがある機種なら、ホームボタンのダブルタップでOK。下がってこない場合は、「簡易アクセス」をオンにします。なお、文字入力の画面ではキーボードが見えなくなるので元の高さに戻しましょう。

Max や Plus では必須!

1 「設定」アプリの「アクセシビリティ」➡「タッチ」で「簡易アクセス」をオンにします。ミスタッチなどで簡易アクセスを動作させたくない人は、オフにしておきましょう

2 画面下部のDockの辺りを下方向にスワイプすると画面が下がります。この状態でバッテリー残量の辺りを下方向にスワイプすると、コントロールセンターが表示できます

130 アラームを無音にして バイブレーションだけにする

　新幹線での移動のときなど、居眠りして乗り過ごさないようにアラームを設定したい場面があります。そんなとき、「消音モード」にしたつもりがアラームが鳴ってしまい、恥ずかしい思いをしたことはありませんか？

　実は、消音モードでも「時計」アプリのアラームは音が出てしまうんです。音を出さずにバイブレーションだけにするには、消音モードではなく、アラームの音を「なし」に設定しておくのが正解なんです。

これで静かに起きられる！

1 「時計」アプリで「アラーム」の画面を開き、音を消したいアラーム、または画面右上の「＋（新規追加）」ボタンをタップし、次の画面で「サウンド」をタップします

2 「サウンド」画面を一番下までスクロールして「なし」を選択します。なお、バイブレーションの動作については、同じ画面の一番上に戻って「触覚」で設定します

131

寝落ちしても安心！
動画をタイマーで止める方法

iPhoneで動画や音楽を視聴してたら、いつの間にか寝てしまった！ なんてことありませんか？ その上、朝起きたらバッテリーが空になっていたりしたら目も当てられません。

そんな最悪の事態を防ぐには、「時計」アプリのタイマー機能を使います。タイマー終了時に鳴らす通知音の代わりに「再生停止」をセットすればOK。音楽を聴きながら眠りたい人も、これで安心ですね。

「時計」アプリを起動して、「タイマー」➡「タイマー終了時」の画面を開きます。画面の一番下にある「再生停止」を選択したら、時間を設定してタイマーを開始します

132

増え続けるSafariのタブは
自動で閉じてもらいましょう

Safariでちょいちょい調べ物などしていると、気付けばタブがものすごく増えていることがあります。全部まとめて消すこともできますが（P.185参照）、最近のものは残しておきたい。

そこで、一定期間が経過したタブを自動的に消す設定がオススメです。閉じるまでの期間を「手動」から「1日後」「1週間後」「1か月後」に変更しておけば、Safariのタブを自動でスッキリできます。

「設定」アプリの「Safari」で「タブを閉じる」をタップします。開いた画面でタブを自動消去するまでの期間を3つの選択肢から選びます。あとで困らない程度の期間を設定しておきましょう

133

うっかり課金しないための サブスクリプション解約方法

サブスクリプション（定期購入）タイプのアプリやサービスが、ずいぶん増えてきました。無料の試用期間が設けてあるものもありますが、多くは解約しない限り自動更新されるので、放っておくと支払いが発生してしまいます。

自分がどんなサブスクリプションに登録しているのか不安になったら、「設定」アプリで確認しておきましょう。うっかり課金を防ぐためにも、ときどきチェックして、不要なものは早めに解約することをオススメします。

こんなにたくさんのサブスクが！

1 「設定」アプリ上部の自分の名前をタップします。契約中のアプリがあれば次の画面に「サブスクリプション」項目が一覧で表示されるので、内容を確認したいアプリを選んでタップしましょう

2 サブスクリプションのプランが表示されます。「無料トライアルをキャンセルする」をタップして、確認画面でキャンセルします。プランの変更や契約中のサブスクのキャンセルもこの画面から操作できます

134 重複した写真を整理して 空き容量を確保しよう

　iPhoneで撮影した写真は、友人やパソコンとの間でやり取りを繰り返したり、SNSに投稿した写真を保存する設定になっていたりすると、同じものが増えていることがあります。

　重複項目があると、「アルバム」の「その他」に「重複項目」が現れます。開いてみると、重複した写真や動画が並んでいます。重複を解消するには「結合」をタップすればOK。同じ絵柄でも高品質のほうを残してくれるので、なかなか気が利いています。

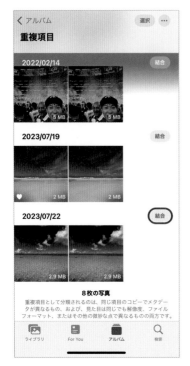

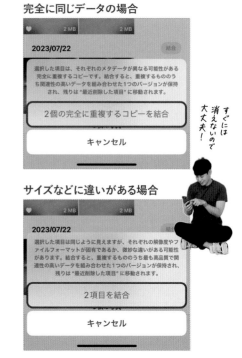

完全に同じデータの場合

すぐには消えないので大丈夫！

サイズなどに違いがある場合

1 「写真」アプリの「アルバム」➡「重複項目」を開くと、同じと判断された写真や動画が一覧できるので、「結合」をタップします。なお、重複の認識には登録してから時間がかかります

2 完全に同じデータは、「○個の完全に重複するコピーを結合」をタップで片方が「最近削除したデータ」に入ります。サイズなどに違いがある場合は高品質なほうが残ります

135
ササッと指でなぞるだけ！写真や動画をまとめて選択

「写真」アプリから写真や動画をまとめて送信したり、削除したりするとき、ひとつひとつタップして選択していませんか？ そんな手間をかけなくても、画面を指でサッとなぞって、一気に選択できるんです。

「写真」アプリで、選択したい写真や動画をサムネール表示にした状態で、画面右上部の「選択」をタップします。あとは、選択範囲を指でなぞるだけ！ 超簡単に複数の写真や動画をまとめて選択できますよ。

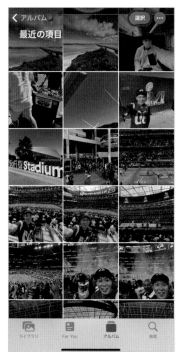

「ファイル」アプリでもできますよ！

1 「写真」アプリを起動して、「ライブラリ」や「アルバム」をサムネール表示にしたら、画面右上部の「選択」をタップします。これで写真や動画が選択可能な状態になります

2 指で横方向になぞると1列まとめて選択できます。そのまま縦になぞると範囲全体が選択されます。斜めになぞっても同様に選択できます。列を飛ばして選択することも可能です

字を読むのも面倒くさい!?
iPhoneに音読してもらおう

iPhoneがしゃべる機能と言えば、その代表格はSiriですが、Siriとは別に「画面の読み上げ」という機能もあるのです。例えば、移動中にニュースを読んでもらうとか、寝る前に本を読んでもらうとか、画面を見なくても iPhoneがやってくれるんです。

設定さえしておけば、あとは読んでほしい画面上を2本指でスワイプするだけ。コントローラーで操作すれば読み上げてくれます。なお、「Hey, Siri、画面を読んで」でも起動できます。

イヤホンを使えば
電車の中でもOK!

1 「設定」アプリの「アクセシビリティ」➡「読み上げコンテンツ」で「画面の読み上げ」をオンにします。選択した文字列を読ませるには、「選択項目の読み上げ」もオンにしておきます

2 画面上部から2本指で下方向にスワイプすると、「読み上げコントローラ」が現れ、読み上げが始まります。Webサイトはリーダー表示すれば、リンクなど余計なものを読みません

137
メールの作成中に
ほかのメールを参照する方法

受信したメールへの返信は、元の本文が引用されるため、内容を確認しながら入力できます。では、別のメールを参照したいとき、どうしていますか？ iPhoneの「メール」アプリでは、意外と簡単にできるんです。

メッセージ作成画面のタイトル部分を下方向にスワイプしてみましょう。作成画面が一時的に隠れます。その間に参照したいメールを開いて内容を確認し、画面下に待機中のタブをタップすれば、作成画面に戻れます。

1 「メール」アプリで新規メッセージのタイトル部分を下方向にスワイプ、またはタイトル上部のバーをタップで、画面が下に隠れます。隠れた画面はアプリを閉じても保持されます

2 このまま、受信ボックスから参照したいメールを開いて閲覧できます。作成画面に戻るには、タイトル部分をタップします。新規メールは書きかけでも、複数あってもOKです

あとで返信したいメールには「リマインダー」を設定しよう

"メールあるある"のひとつに、すぐに返信できないメールにあとで返信しようとして結局忘れてしまう……という現象があります。これを回避するには、「メール」アプリの「リマインダー」機能が効果的です。

メールボックスのリストから、あとで返信したいメールを右方向にスワイプし、「リマインダー」をタップして通知のタイミングを指定します。

設定したメールは「受信」ボックスの一番上に表示されるので、ほかの

1 重要なメールが届きました。「必ず返信しなくてはいけないけれど、今はできない」という状況のとき、一覧から該当メールを右方向にスワイプします

2 「リマインダー」のアイコンが現れるので、それをタップし、表示されたメニューから通知のタイミングを選びます。ここでは「あとでリマインダー」を選択します

メールを確認する際にも思い出せますね。また、リマインダーを設定すると、自動的に「リマインダー」メールボックスが作成されるので、複数リマインダーを設定している場合は、そこでまとめて確認できます。

MEMO

リマインダーの取り消し方

設定の変更や取り消しを行う際は、「リマインダー」メールボックスで左にドラッグして「その他」で設定し直すか、左方向にスワイプして消去します。「受信」メールボックスから設定／削除することも可能です。

3 リマインダーを通知させたい日を選択後、「時刻」をオンにして下に現れるダイアルで時刻を設定します。最後に右上の「完了」をタップしたら準備はOKです

大事なメールもこれで思い出せる!

4 リマインダーを設定したメールには、時計のアイコンが付きます。通知が届くと、ほかのメールの受信時間に関係なくメールボックスの最上位に表示されます

207

139 夜中に書いたメールを翌日の朝に予約送信する

深夜にメールをしたためたものの「こんな時間にメールを送るのは失礼かな……」と、翌朝まで待ってからメールを送った経験ありませんか？そんなときは予約送信が便利です。

メールを書いたあと、送信ボタンを長押しします。するとメニューが開き、送信したい時間を選べるようになっています。ここで「あとで送信...」を選べば詳細な日時の指定もできるんです。翌年など、少し先の日時も指定できるので、誕生日のお祝いメールを

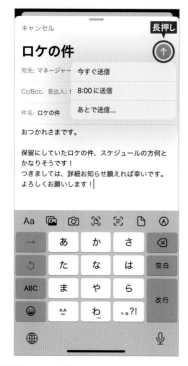

1 メールを作成したら、右上の送信ボタンを長押しすると、メニューから送信時間を指定できます。送信時間の選択肢は、状況や時間によって変化します

2 **1**で「あとで送信...」を選択した場合は、初めに送信する日を選択してから右上の時間をタップします。続いて送信時刻を指定し、最後に「完了」をタップして設定完了です

今のうちに予約するといった仕掛けも
OK（笑）。ただし、送信時にiPhoneが
オンラインである必要があります。電
波の届かない場所に行く前に予約を
して、オフラインのまま予約の日時と
なっても送信されないので要注意！

MEMO

オフラインの環境で
予約の日時となった場合

「あとで送信」は、スケジュールを指定して送
信しますが、サーバー上ではなく端末上で処
理を行います。予約時に、設定したiPhone
がオフラインの場合、予約メールは送信され
ず、以降、オンラインになったタイミングで送
信されます。

3 設定が終わると、メールボックスに「あ
とで送信」というメールボックスが表示さ
れます。複数のアカウントを使っている場合、送
信予約メールはすべてこの中にまとめられます

4 送信日時の変更は、「あとで送信」から該
当メールを選んで「編集」をタップして行
います。「"あとで送信"をキャンセル」をタップす
ると予約が取り消され、「下書き」に入ります

140 「スマートフォルダ」は 自動で整理してくれる救世主！

　面白いエピソードや気になる情報を見たり聞いたりすると、すかさず「メモ」アプリに保存するのは、ボクだけでなく芸人の"さが"と言えます。その結果、メモも積もれば膨大な量になって探すのに苦労します。そんなメモ魔

のボクにとって、「スマートフォルダ」は必須の機能です。

　もともと「メモ」アプリでは、フォルダやタグを使ってメモを整理できましたが、手動でフォルダ分けするのは手間がかかります。一方、スマートフォ

1 「メモ」アプリを起動し、「フォルダ」画面左下の新規フォルダアイコンをタップします。次の画面でフォルダ名を入力し、「スマートフォルダに変換」をタップします

2 「フィルタ」画面では、メモをフィルタリングする条件を設定します。例えば、「編集日」➡「7日以内」とタップすると、7日以内に編集したメモが、自動で抽出されます

ルダなら、フォルダ作成時に編集日や
タグなどの条件を指定するだけで、自
動でメモを整理してくれるんです。メ
モの数が多すぎてフォルダ分けをあき
らめている人も、スマートフォルダが
助けてくれます!

印刷物の文字も
すぐさまメモしよう

「メモ」アプリには、印刷物や画面の
文字をスキャンして、テキストで取り
込む機能があります。入力画面下部
のツールからカメラアイコンを選択し、
「テキストをスキャン」を選べば、印刷
された文字もすぐにメモできます。

3 フィルタは複数組み合わせることで、条件を絞り込むことができます。設定が済んだら「完了」をタップし、1つ前の画面に戻ったら再度「完了」をタップして設定完了です

4 「フォルダ」画面に戻ると、スマートフォルダ（ここでは「更新状況」）が追加されたことがわかります。これをタップすると、条件を満たすメモがまとめて表示されます

おわりに

　本書を最後までご覧いただき、ありがとうございます。毎年発売させていただいている『スゴいiPhone』シリーズですが、毎回の悩みは、どんどん登場する新機能とそれに伴う新テクニックの数が増えると、既存の便利テクニックを削らざるを得ないという現実です。新しいテクニックを楽しみにしている人に多くの新情報を提供しながらも、初めてiPhoneを使う人にもその楽しさをしっかり伝えたい。その綱引きに毎回悩んでいるのです。今回はそれを少しでも解消するためにまたページを増やしていただき、テクニック数も140まで掲載させてもらいました。

　この原稿を執筆している時点で、iPhone 15 Proを2カ月ほど使っていますが、あらためて今回のiPhoneの完成度の高さを感じています。一番大きなメリットは、やはり小さくて軽くなったところ。また、エッジが丸くなったのも個人的にはうれしい点です。

　ボクはiPhoneへのこだわりとして、ケースに入れずに使うことにしています。iPhoneそのもののデザインと使い勝手を味わいたいというのが、その理由です。でもその結果、以前の角張ったiPhone 14 Proを長く持っていると、小指の第1関節に跡が残ってしまうほど圧迫されてしまい、実はちょっと痛かったんです。めちゃくちゃニッチな話ですが、きっと同じ意見の方がいるはずです（笑）。毎日のことなので、スペック的にはわずかな違いに見えても、その効果の大きさを強く感じます。

　最後に、今回も『スゴいiPhone』シリーズを実現させてくれた株式会社インプレスの皆さん、ずっと企画を支えてくれている編集者の矢野さん、気合いの入った帯書きをくださった博多華丸・大吉の博多華丸さん、この場を借りてお礼申し上げます。

かじがや卓哉

索引